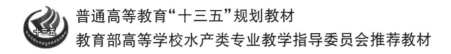

普通高等教育"十三五"规划教材

教育部高等学校水产类专业教学指导委员会推荐教材

全国普通高等教育海洋渔业科学与技术专业系列教材

海洋渔业基本安全技术

张福祥　陈锦淘　主编

科学出版社

北　京

内 容 简 介

本书共八篇。第一篇介绍了海上求生的基本内容,重点讲解了救生设备、遇险求救信号的使用、登临救生艇筏等内容。第二篇介绍了船舶消防的有关知识,就有关灭火器材的使用,船舶安全防火做了重点阐述。第三篇应急措施,就有关应急操作部署、应急程序实施以及应急演习等内容进行了介绍。第四篇海上急救,主要就海上常见突发疾病、常用急救药品的使用、常用急救技术以及常见病的治疗做了详细的阐述。第五篇防止水域污染,介绍了有关国际公约对海洋船舶污染的规定、应当采取的防污染措施等内容。第六篇渔业船舶安全操作规程,就有关渔业船舶常用设备的安全操作程序作了详尽的介绍,重点就起放网、停靠码头、货物转载、轮机管理应急等内容作了阐述。第七篇渔船水上事故,主要介绍了渔船水上事故特征和原因,并分析了水上事故案例及预防措施。第八篇渔业船员心理健康,重点阐述船员常见心理问题以及产生这些问题的原因,并针对这些问题提出了自我调节、恢复的一些建议。

本书可作为海洋渔业相关专业的本科教材,同时也可供水产与海洋相关工作人员的培训使用。

图书在版编目(CIP)数据

海洋渔业基本安全技术/张福祥,陈锦淘
主编.—北京:科学出版社,2019.4
普通高等教育"十三五"规划教材 全国普通高等教育海洋渔业科学与技术专业系列教材
ISBN 978-7-03-059305-4

Ⅰ.①海⋯ Ⅱ.①张⋯ ②陈⋯ Ⅲ.①海洋渔业—安全技术—高等学校—教材 Ⅳ.①X954

中国版本图书馆 CIP 数据核字(2018)第 249531 号

责任编辑:陈 露/责任校对:谭宏宇
责任印制:黄晓鸣/封面设计:殷 靓

科学出版社 出版
北京东黄城根北街 16 号
邮政编码:100717
http://www.sciencep.com

南京展望文化发展有限公司排版
江苏省句容市排印厂印刷
科学出版社发行 各地新华书店经销

*

2019 年 4 月第 一 版 开本:787×1092 1/16
2019 年 4 月第一次印刷 印张:13 1/2
字数:300 000

定价:48.00 元
(如有印装质量问题,我社负责调换)

《海洋渔业基本安全技术》编委会

主　编	张福祥　陈锦淘
副主编	陶峰勇　李　超　王蒙茹　花传祥
编　委	（以姓氏笔画排序） 王蒙茹　花传祥　李　超　张福祥 陈锦淘　陶峰勇

前　言

　　海上作业安全一直是海洋类专业关注的内容,随着我国各高校涉海专业规模的不断扩大,越来越多的工作需要在海上完成。由于海上工作环境的特殊性,需要从业人员具有一定的海上安全技能,以便应对海上突发情况,保障生命财产安全。

　　本书内容依据农业部2014年公布的海洋渔业船员考试大纲,具有权威、准确、系统、实用的特点,重点突出渔业从业人员在海上实际工作中需要掌握的知识。

　　本书由海上求生、船舶消防、应急措施、海上急救、防止水域污染、渔业船舶安全操作规程、渔船水上事故典型案例分析、船员心理健康八篇组成。书中内容符合相关国际公约及我国法律法规的要求,并根据海上安全的实际需要,首次在书中加入了心理学的相关内容。全书以通俗的叙述,详细阐述了海上安全技能方面需要掌握的知识点,争取做到学能所用。

　　本书旨在为广大海洋渔业工作者提供一本海上基本安全技能学习的指导书,供大家学习,以便掌握必要的海上安全基本技能,确保海上工作的安全开展,保障生命财产的安全。本书可以作为海洋相关专业的本科教材,同时也可供水产与海洋相关工作人员的培训使用。

　　由于编者水平所限,本书可能存在不足之处,恳请读者批评指正。

编　者

2019 年 1 月

目　录

第三篇　应 急 措 施

第四篇 海上急救

第五篇 防止水域污染

第六篇 渔业船舶安全操作规程

第七篇 渔船水上事故典型案例分析

第八篇　船员心理健康

第 一 篇

海上求生

第一章　海上求生概述

第一节　海 上 遇 险

船舶在航行、生产作业过程中,可能会发生碰撞、搁浅、触礁、触损、浪损、风灾、火灾及沉船等海难事故。当船舶发生海难事故后,除弃船求生而别无他法可以保全船员生命的情况下,利用海上求生的知识技能,克服海上的困难和危险,延长遇险船员在海上的生存时间,直至脱险获救。这样的行为即称作海上求生。

一、海上求生要素

海上求生要素包括救生设备、求生知识和求生意志。这三大要素是统一的整体,在整个求生的全过程中三者缺一不可。

1. 救生设备

救生设备主要包括救生艇、救生筏、救生圈、救生衣及其他救生浮具和用具。

2. 求生知识

要求船员掌握的求生知识有救生设备的使用方法及基本要求、紧急情况下的应变部署、在水中漂浮时的求生行动、弃船与求生原则。

3. 求生意志

求生者在求生过程中会遇到意想不到的困难,需要有坚强的意志、信心与毅力去克服,千方百计去战胜困难,争取最后获救。因此,一个遇难者首先要克服绝望和恐惧心理,要克服饥饿、寒冷、口渴和晕船等的考验。所以,求生者的精神力量是很重要的,在任何时候都不能放弃获救的希望。

二、求生者的主要困难

在大海中飘浮的求生者,面临最大的困难有以下几点。

1. 溺水

当弃船后,求生者落入水中,首先遇到的困难之一,就是溺水。如果落水者不会游泳,又未穿上救生衣或携带任何救生浮具时,海水对求生者是一种直接的最大威胁。求生者不仅面临溺水,而且海水还会腐蚀皮肤。如不能及时被救起,可能很快发生溺毙。

2. 暴露

一旦落水,就浸泡在水中,不论水的温度如何,人体在水中的散热较之陆地上的散热要快得多。因此,容易造成热量的过分消耗而出现危险的过冷现象。在艇、筏上,如果暴露在寒冷的天气下,会使人体组织受到损伤而产生冻疮、冻伤或湿冻伤等。相反,如果长时间暴露在酷热天气下,人体会发生中暑或衰竭,皮肤则被烈日晒伤。

3. 缺乏饮水与食物

当遇险者在艇、筏上安定下来,暂时解除了对生命的直接威胁后,接着面临的就是缺乏饮水与食物的威胁。其中水比食物更为重要,如果有饮用水,即使断粮一周,人仍可以存活。若是断水,遇险者一般仅能生存三天左右。

第二节　求生者的意志和信心

一、在艇、筏上求生者的心理状况

在艇、筏上的求生者,由于受到寒冷、酷热、焦躁、饥饿、干渴、晕船、伤痛和漫长而渺茫的等待援救等影响,加上困难和险恶的环境,会产生一系列心理上的异常症状,这些都会影响求生者的意志、动摇生存的信心,甚至会夺去求生者的生命。实践告诉我们,在相同的海上求生环境下的不同个体,能够生存的时间长短,虽与个人体力差异有关,但更取决于他们的心理状态方面的差异。求生者的心理状态在求生的不同时期有着不同的表现。

1. 求生者待援初期的危险心理状态

求生开始的数日是关系今后在海上生存的重要时期。在这个时期中,生理方面存在的威胁是口渴和饥饿、难以忍耐的艰苦环境、体力消耗造成的劳累及其他突然发生的险恶情况。心理方面将可能出现一系列危险状态,弃船时混乱、恐怖的情景和场面,像噩梦似的反复在脑海中显现,甚至会认为自身不可能依靠救生设备在大洋中活命,因而对求生失去希望,内心充满恐怖、悲观、绝望、痛苦。

这个时期的求生者如不能摆脱弃船时心理上的打击,就会迅速地从恐慌发展到精神错乱,进而导致死亡。因此,在漂流求生开始就应采取这方面的应急措施。同时,应预见到在艇、筏上的求生者,还会为了是留在现场还是离开现场、向哪个方向航行等问题,出现意见分歧,甚至产生冲突。

2. 求生者长时期待援时的危险心理状态

当艇、筏漂流较长时间后,求生者口粮与饮水上的供给将面临更加严重的困难。在待援中，口粮与饮水的长期受限，使体力进一步衰弱，口渴、饥饿、疾病造成的痛苦将极大增强。暴晒、寒冷、颠簸以及外界各种险情的不断发生对生存的威胁，使人疲惫不堪、精力枯竭、活力减退。这个时期的存活者，其意识受到相当的限制，如果看不到被救援的前途，就会自暴自弃，出现破坏纪律、不道德行为、缺乏理智的行动等现象。这种无组织、无纪律的破坏行为往往会断送求生者的获救机会。

3. 幻觉

遇险者由于筋疲力尽、长久不眠、持续饥饿与缺水、持久的疼痛和情绪的激动等原因，会在精神上产生幻觉。遇险者的幻觉内容因人而异，根据科学统计结果，产生幻觉的人在记忆与感觉之间似乎是紊乱的。

幻觉的内容取决于记忆，在希望得到安全、安静以及满足身体的需要方面尤其突出。这些幻觉主要是一些简单而平庸的想法，比如自己正在家里喝酒、看见飞机通过等。在海上长期漂流中，遇险者自愿要求离开艇、筏是屡见不鲜的，其中有对周围环境产生幻觉而导致自杀的，这种行为以夜间发生居多。有时，遇难者已经获救，但感觉上仍受到幻觉的欺骗，要经过很长时间以后，才能认识到自己是真正地获救了。

二、保持艇、筏上求生者的士气

艇、筏上的全体人员都应该具有坚定的生存信念、顽强的求生意志、严格的组织纪律、自我献身的品质和团结一致的精神。

一个遇险者对面临的困境采取什么样的态度，其结果是不一样的。人一旦成为遇险者，便一无所有，是顽强地活下去还是消沉地死去？这是对每一个遇险者的严峻考验。只有对生存充满信心，才会把自己所有的聪明才智和对生活的追求与渴望，转变成战胜困境的力量。

因此，艇、筏上的遇险者，必须遵守下列行动准则。

（1）难友之间要团结一致，发扬互相友爱、同舟共济的精神。

（2）严格的纪律，合理的管理，改善彼此间的关系，能提高求生者的信心。

（3）尽一切的努力提高每一个求生者的勇气，增强生存的信心与决心，使遇险者情绪高涨，热心于艇、筏上的求生工作，关心集体，共同战胜困难。

第二章　饮水与食物的控制

第一节　饮水的基本知识

一、节约用水，适当控制饮水

每天饮水 0.5 升，是人维持生命的最低限度，救生艇上按额定人数每人配备 3 升淡水，救生筏上按额定人数每人配备 1.5 升淡水。如果起初 24 小时不供给淡水，则艇上淡水可供满载人员饮用到第七天，筏上可供满载人员饮用到第四天。

最初 24 小时，人体内充满水分，如再饮用艇、筏上的淡水，就会由尿排出而造成浪费。在 24 小时后，人体开始缺水，则所饮用的水分会被完全吸收。只有伤病员在最初 24 小时内，因流血或烧伤需要水分，但在清醒时才能给予补充。

二、淡水的质量

淡水的质量与天气、水质及贮水器的清洁程度有关，如果条件许可，艇内的淡水应每隔 30 天调换一次。这样能使艇上的淡水在 45~60 天内保持气味良好。但在温暖的天气时，饮用水的保存时间要缩短一半。

辨别水质好坏时，可先饮用少许，等待 1~2 个小时，如果身体没有不良感觉，再多饮用一些，等待 4~5 个小时，仍没有发现不良感觉，则说明该饮用水的水质基本是好的。另外，饮用前嗅一嗅饮用水的气味，也可辨别水质的好坏。

三、不能饮用海水

在人体缺水时，肾脏是对有毒物质进行新陈代谢产物排泄的唯一器官，而肾脏对有毒物质的承受具有一定限度。人体肾功能的界限取决于盐的浓度，肾脏所能承受的盐浓度一般不超过 2%，而海水盐浓度往往要超过 2%。所以，当饮用 100 克海水后，为了排泄掉 100 克海水中的盐分，不仅要把饮入海水中的水分全部消耗掉，而且还会使身体内原有的水分减少 50 毫克，否则，就会因体内盐分的增加使

图 2-1　饮用海水

肾脏的负担过重,以致造成肾功能的丧失。

饮用海水后,首先表现口更渴、腹胀,而后出现幻觉、神志昏迷、精神错乱等症状。海水不仅不能止渴,反而使人体丧失更多水分。饮用的海水越多,身体反而失水越快、口越渴,体内盐分积累越多,往往导致更快地死亡(图 2 - 1)。

四、饮水的方法

遇险者第一天(最初 24 小时内)不需饮水;从第二天开始,每天饮用 0.5 升淡水;饮水时,最好将一天的饮水分成三份。日出前喝三分之一,另外三分之一在白天喝,最后三分之一在日落之后喝。要一小口一小口地喝,水要尽可能含在嘴里,湿润嘴唇后再慢慢地咽下。伤病员可根据情况多补充一些饮水。

五、海上求生时饮水的来源

救生艇、筏内配备的淡水是有限的,海上求生者随时都要设法收集和补充赖以生存的饮水,其方法主要有以下几种。

1. 收集雨水和露水

当海上下雨时,除艇、筏上的雨水收集装置外,还可用能盛水的容器进行贮水,如铁桶、塑料袋、急救包盒、药瓶、帽子,或将衣裤的袖筒或裤管捆扎起来装水。如果雨很小,可将清洁的破衣服放在艇、筏的适当位置,每当被雨水湿透后,便拧绞下来装入贮水器中。另外,收集早晨的露水也是很好的办法。

2. 利用海洋生物的体液

(1)生鱼眼球中的水;
(2)鱼的脊骨不仅含有可饮的髓液,且含有大量的蛋白质;
(3)生鱼肉可切成块,放在干净的布中拧绞出液体;
(4)利用海龟、海鸥的血液,代替饮水。

3. 进行海水淡化

海水淡化的简易方法为在盛放若干海水的塑料桶内放一只空的杯子,桶的上面盖好塑料布,当桶内的海水吸收了太阳的热量后,便汽化成水蒸气,水蒸气在上升过程中与塑料布接触被冷凝为淡水,并滴入桶内空杯内。

遇险者的饮水供应是亟待解决的重要问题。求生者为了获救,应尽量减少对饮水的需求。在温暖的天气,为了减少饮水的需求,应将全身及衣服用海水浸湿,在阴凉处躺卧或坐着不动,这样可有效地使体内对水分的需求减少四分之一。在炎热的天气中,从事剧烈的运动(划船、捕鱼或瞭望等),且长时间暴露于烈日下,应在整个时间段内用海水浇湿全身,以维持较低的体温,从而保持体内宝贵的水分。在食物上应选择可保持身体水分的碳水化合物之类的食物,不可食用葡萄糖、炼乳或肉之类的高糖或高蛋白食物。这些高糖、高蛋白食物在消化过程中将会消耗体内的水分。

第二节 食 物

当求生者缺乏食物的时候,饥饿是一个严重的问题。但我们必须把饥饿的感觉、食欲和对食物的需求三者区分开来。饥饿是一种有意识的活动,它受到味觉、嗅觉、环境习惯和情绪等多种不同因素的影响。

遇险的第一天,饥饿大多是一种感觉,仿佛没有按时吃饭似的,但有时也有人会感到胃有痉挛性疼痛,如仍得不到食物,疼痛便会减轻,继而消失。以后,他们反而感觉到没有食欲,在整个遇险期间基本都是这样。当然,持续饥饿会使人体重下降、肌肉乏力,还会出现极难治疗的便秘和严重的肠胀气。并且,在长时间的漂泊与饥饿之后,会引起人体酸中毒,并且精神会受到严重创伤。所以,每一个遇险者都需要摄入一定的热量,一个人摄入2 000焦耳的热量就没有饥饿的感觉,摄入4 000焦耳的热量后就可以维持一定的体力。

一、海上食物的获得

1. 海难应急口粮

新式的海难应急口粮是一种按份包装的压缩食品,每份压缩食品都按最佳比例配制,含有必要的营养成分,如蛋白质、脂肪和糖等。

2. 海上获得食物的方法

(1)捕鱼:在救生艇、筏上的求生者可依靠海鱼维持生活,可利用绳索、鞋带、别针、发夹制作成钓鱼工具,或用桨代替标枪进行叉鱼。为了吸引鱼群,可在小铁桶、香烟纸箔或包装锡箔上系一根短绳挂在艇、筏尾部,吸引鱼群,然后进行捕获。

(2)捕捞海藻、海草作为食物。

(3)收集浮游生物:利用袜、裤、衬衣的袖子或其他衣物,制成捕捞工具投入艇、筏后方,便可收集到浮游生物,以补充求生者食物的不足。

二、食物的分配

第一天,即遇险的最初24小时内,不得进食;第二三天,按日出、中午及日落时分,分配三次口粮,但不得超额;若仍未获救,则从第四天起,口粮配额应予以减少,可减少至规定配额的一半。若艇、筏上已经断水,则不得再吃食物,以免体内水分减少。

第三章　海上求生的基本原则

第一节　自身保护措施

一、在寒冷天气中的保护措施

历年来的事例证实,落水者丧生的主要原因是身体暴露在寒冷中,特别是在低温的水中,落水者所遇到的最大危险就是通常所说的"过冷现象"。

"过冷现象"是指在寒冷海水中的落水者,身体散失的热量大于体内产生的热量,随着热量不断消耗就会出现不正常的低体温,此时人体最容易受到伤害的器官是脑与心脏,并使血液循环受到干扰。

人体正常体温为 36.0~37.0℃(腋下温度),温度低于正常体温,人体就会产生"过冷现象"。"过冷现象"在不同阶段的症状表现如下。

当体温下降到35℃以下,人就会"低温昏迷",产生迷糊、健忘;体温下降到31℃以下,人将会失去知觉、心跳缓慢、心律不齐;体温下降到28℃,出现血管硬化、瞳孔放大;体温下降到24℃,即会死亡。所以,落水者的生命极限时间,主要决定于水温。我国东、黄海的平均水温随季节发生变化,2~3月份平均水温为 10~12℃,4~5月份平均水温为 12~18℃,6~9月份平均水温为 21~27℃,10月份以后又开始逐渐下降,最低水温约为8℃。

救生艇、筏上的求生者,在寒冷的天气里虽可避免直接在海水中遭受"过冷现象",但由于湿、冷与不活动,或者他们的脚长时间浸泡在15℃左右的海水中,两天之后,腿、脚就会肿起来,先是感到发痒,随之麻木直至失去知觉,表皮出现类似发炎的症状,局部组织出现冻伤,如出现"浸泡足"类型的湿冻伤。所以,落水者无论是在救生艇、筏中,还是暴露在寒冷的海水中,如果采取的措施不当,都会被冻伤甚至被冻毙。

落水者体温下降的速度取决于以下三个条件。

(1)水温:人在冷水中的生存时间与水温关系,如表 3-1 所示。

表 3-1　人在冷水中的生存时间与水温关系

水温(℃)	0	2.5	5	10	25
生存时间(小时)	0.25	0.5	1	3	24

(2)穿着衣服:取决于落水者在弃船前的行动。

(3)自救方法:取决于落水者求生知识和技能的水平。

寒冷天气落水者在救生艇、筏上或在海水中的自身保护措施有下列几点。

（1）应穿着救生衣和保暖衣服,外层最好穿上能防水的衣服,并扎紧袖口、领口、裤管口等。

（2）保持救生艇、筏内温暖干燥,调整通风至最低需求,尽量避免腿、脚长时间地浸泡在水中。

（3）落水者不作无效的游泳,在冷水中,可能会猛烈颤抖甚至全身感到强烈剧痛,但这仅是人体在水中的一种本能反应,没有死亡的危险,最要紧的是在水中应尽可能地减少不必要的活动,才能减缓体温下降速度。

（4）落水者在低温水中为了保存体温,应尽量采取减少热量散失的姿势,即将两腿弯曲并拢,两肘紧贴身边,两臂交叉抱在救生衣前面。这种姿势能最大限度地减少身体表面暴露在冷水中,并能使头部、颈部尽量露出水面。

（5）在救生艇、筏中,数名求生者也可紧密地聚在一起,应使尽可能多的身体面互相接触取暖。如有备用毛毯、衣服,均可用于保暖。为了保持血液循环,可伸缩四肢,蠕动脚趾、手指、手腕等,做一些简单的运动。

（6）求生者长时间暴露在寒冷中,应避免风、雨对人体的侵袭,所以要定时更换瞭望值班人员,同时缩短值班时间,以减少暴露。

（7）禁止饮用含有酒精的饮料,因为它不仅不能保持身体温暖,反而会加速体温的散失。不要吸烟,吸烟会使手、脚的供血减少。

（8）求生者跳入水中后,应保持镇静,尽快搜寻并登上救生艇、筏,或其他漂浮物上,以缩短浸水时间。

二、在酷热天气中的保护措施

在酷热的天气中,救生艇、筏上的求生者所面临最大的威胁是缺水,一旦断水,遇难者的生命仅能维持数天。为了延长生命,求生者应适当减少对饮水的需要量,由于人体摄取水分的数量是由体内排出水分的数量而定。因此,只要设法保持人体内的水分,就能减少人对饮水的需要量。

为了尽量保持体内水分和预防其他疾病的发生,应采取以下措施。

（1）按照救生艇、筏内配备的定额口粮食用,可以减少额外水分的需要。

（2）及时服用晕船药片,以防因晕船呕吐而减少体内水分。

（3）平静休息,避免不必要的运动。

（4）在热带地区,白昼太热时,可将所穿衣服弄湿,或将衣服解开使身体露于微风中。

（5）用海锚调整通风口的方向,保持良好的通风,以减少出汗。

（6）应保持艇、筏外部及遮篷的潮湿,以降低艇、筏内部的温度。

（7）减少身体受阳光照射的面积,采用多坐少躺的办法,避免让皮肤在烈日下直接暴晒,以免中暑和皮肤被灼伤。

（8）不可作无谓游泳,因游泳容易消耗体力并使人口渴。

（9）在救生筏内应对筏底进行放气,使海水冷却筏底,以降低筏底温度。

三、在阳光和风、雨侵袭下应采取的保护措施

（1）尽量穿浅色或白色的衣服。

（2）尽可能在额头上扎一条湿毛巾，避免太阳直射。

（3）在大风浪天气，应放出海锚，调整救生筏的漂流位置，使入口背风，并关闭阀门。

（4）救生艇、筏应采取遮盖方式，防止艇、筏被雨水浸积，如被浸积，应及时排水，大雨时可将入口关闭，以防雨水渗入，发现雨水渗入应及时擦干。同时，仍需积极收集雨水，并予以储存。

（5）防止救生艇、筏破漏或大风浪打入海水，并及时进行排水和修补工作。

第二节　在水中漂浮时的求生行动

船舶在航行或作业过程中，常会发生人员落水事故。为了延长在水中的生存时间，落水人员必须采取积极的行动，以便得到获救的机会。

一、未穿救生衣落水者的求生行动

落水者由于种种原因，来不及穿救生衣已落水，此时，处境虽然极端险恶，但若能采取正确的自救行动，也并非完全处于绝境。根据多次未穿救生衣的落水者求救获得成功总结的经验如下。

（1）仰浮是无救生衣的落水者最适宜的浮游姿势，其优点如下：① 能使眼、口、鼻都始终保持在水面上，不仅呼吸方便，而且视野开阔；② 动作慢，运动量小，体力消耗也少，这样就能持久坚持在海面上待救。

（2）落水者切勿将衣服抛弃，因为衣服可以做成浮具，穿着衣服在抵御寒冷和烈日的同时，又便于救援者提拉衣服。

将衣服改做成临时浮具时，可将上衣脱下，纽扣全部扣住，扎紧领口和袖口，衣服下端也要扎紧，在第二、第三纽扣间吹气使其膨胀，即可支持体重。如用裤子则更理想，将两裤管扎紧，倒持裤腰迎风张开，待将裤管胀满后，即扎紧裤腰，便可做成一个比较满意的马蹄形浮具。

（3）落水者不应该作无谓的游泳去追赶航行中的船舶，除非过往船舶已经发现落水者，并停船准备救援的时候，方可慢慢游近。

（4）当接近救生艇、筏或过往船舶时，应采取立泳，并将手举出水面摆动。当救助船接近 100 米以内时，大声呼救才有效果。

（5）落水者入海后，应尽快捞获可用作救生浮具的一切漂浮物。

二、落水者在水中的游泳方法

渔船船员多数都能游泳，如在海中采取了正确的游泳方式，获救的机会将会更多。

1. 求生游泳的基本要点

（1）掌握正确的呼吸方法：为了避免换气时喝水，应采取鼻呼吸的方式，同时，为了能延长游泳的时间，应做到有节奏的呼吸。

（2）放松肌肉，防备痉挛（抽筋）：由于长时间泡在低温海水中连续不断地游泳，很容易引起痉挛。最容易发生痉挛的部位为脚背和小腿。发生痉挛不仅妨碍落水者继续游泳，而且会因恐惧而发生危险。因此，要求落水者在海中漂浮时必须放松肌肉，防止由于肌肉紧张而引起痉挛。

出现痉挛时的处置方法：

① 先深吸气，将头向前入水，四肢放松下垂，慢慢用力按摩痉挛部位。

② 上述方法不见效应再做深吸气，在水中弯腰，用双手紧握大脚趾，伸直两腿，并双手用力向胸部方向拉，如一次不见效，可反复多次。

③ 肌肉松弛后，应休息一段时间，再改换另一种泳姿继续游泳。

2. 求生者使用的游泳方式

船员在平时应学会各种游泳姿势，如自由泳、仰泳、侧泳、蛙泳等，并能在海上利用这些不同的姿势正确地交替使用，可更好地得到休息直至获救。

（1）自由泳：此种方法速度最快，一般适用于救助落水同伴、追赶救生艇（筏）和跳水后迅速逃离即将下沉的难船。

（2）仰泳：这种方法速度慢、体力消耗小，适用于落水者在海上休息。

（3）侧泳：适用于在有风浪的海面游进，也适用于水中救援溺水者。

（4）蛙泳：长距离游进的一种游泳方式，既能节省体力，又具有一定的前进速度，动作稍加改变即可进行潜游，在大风浪中推动一件漂浮物品或伤员时，也可用蛙泳。同时，用此法游进时，便于对准某一方向，不易发生偏离现象。

（5）狗爬式：穿着衣服或救生衣最合适的一种游泳方式，尤其适用于短距离且速度要求不高的情况，由于此法可使头部始终露出水面，有利于向四周进行观察，便于寻找救助者。

三、在鲨鱼出没的海域中应采取的行动

1. 鲨鱼的习性

鲨鱼凶残好斗、牙齿锋利、游泳速度很快，嗅觉、视觉和其他感觉器官极为敏锐，它的嗅觉器官能感受数海里以外被海流带来的浓度极低的人汗和血腥气味，它的视网膜不能辨别颜色，但对反差强烈的物体，例如黑与白却极为敏感。然而它最敏感的，也是最发达的器官是"侧线系统"，这是鲨鱼的遥测系统，凭借侧线，鲨鱼能探知很远处发生的海难。因此，难船沉没以后，往往周围很快会出现大量的鲨鱼。

2. 鲨鱼袭击人的活动规律

（1）全世界各大海洋中都有鲨鱼，特别是在热带和亚热带海域更为常见。水温低于22℃的海区迄今还未发生过鲨鱼袭击人的事件。

（2）鲨鱼出没最频繁的时期是夏季，即北半球往往发生在7月，南半球发生在1月，鲨鱼袭击在一天中大部分都是发生在午后不久。

（3）鲨鱼袭击人与水深无关，不仅在深海，就是在离岸仅几米的浅海区也发生过鲨鱼袭击人类的事件。

3. 落水者对付鲨鱼的行动

（1）减少反差：弃船入水前，应穿戴好暗色手套、袜子，取下身上任何外露的反光物品，如手表及其他金属物品，避免在水中引起鲨鱼注意。

（2）避免气味：落水者应保护好自己的身体，切勿受伤出血，也勿使身体过于劳累而出汗过多。若近处有鲨鱼活动时，不要大小便或抛弃鱼体残渣，以免鲨鱼凭其嗅觉追踪而来。

（3）不要震动：如发现附近有鲨鱼活动，应保持冷静、沉着，不要急于游泳逃避，因急速逃避的动作必然会引起周围压力场的变化，而被鲨鱼发现落水者的位置。

（4）制造强刺激：一旦鲨鱼逼近落水者，可采用猛力拍击水面和急速打水，对其高度敏感的侧线系统造成强烈刺激，迫使其离开。

（5）猛击其鼻、眼等敏感部位：若上述方法无效，则应沉着应战，待其游近时，向它的鼻、眼等敏感部位猛力打击，如能击中，定会使它游开。

（6）不应主动攻击鲨鱼：因鲨鱼生性好斗，如遇攻击而不死，就会更凶猛地向落水者发起攻击，结果反而会带来更大的危险。

第四章　救　生　设　备

船舶必须按照我国救生设备规范要求,配置各种救生设备和烟火信号。一旦遇难弃船时,船上的所有乘员都能利用这些救生设备求生待援,此外,这些救生设备还是用于救助落水人员的有效工具,也是预防舷外作业人员落水的可靠手段。

我国船舶常用的救生设备有:救生艇、气胀式救生筏、救生浮具(救生排)、救生圈和救生衣等。

第一节　救　生　艇

救生艇是具有一定浮力,能登乘一定人数的小艇,是一种有效的脱险工具。救生艇的主要作用是在船舶遇难的情况下,帮助人员脱险。此外,救生艇还可以用于短距离水上交通联络,进行舷外作业,运送物品和带缆等。

一、救生艇的种类和基本要求

1. 救生艇的种类

救生艇按结构形式不同,分为敞开式、部分敞开式和封闭式三种;按推进方法的不同,分为人力推进式和动力推进式两种;按建造材料的不同,分为木质救生艇、镀锌板救生艇、铝合金救生艇及玻璃纤维救生艇四种。

目前,救生艇的建造材料多采用铝合金和玻璃纤维。尤其是玻璃纤维救生艇,经久耐用、重量轻、易于保存和操作方便。

2. 对救生艇的基本要求

(1)充裕的稳性:载足额定乘员及属具时,有足够干舷,干舷值不小于型深的44%且在艇体破漏通海时仍能维持稳性。

(2)足够强度:在载足额定乘员及属具后,能安全降落,且超载25%时也不会发生变形。

(3)艇体结构必须水密:满载浮于水面2小时后,应不渗漏。

(4)艇体长度不得小于7.5米:若因船舶的尺度所限或其他原因,经船检部门同意,可缩小尺度,但不能小于5米。

(5)满载时重量不得超过20吨。

（6）艇底应设 1 或 2 个排水孔,每个排水孔备 2 个艇底阀。

（7）应设置可供人员从水中攀登救生艇的适宜设施。

（8）倾覆后不能自行扶正的救生艇,应设供人员攀附于艇上的舭龙骨及龙骨扶栏。

（9）应设海船救生设备上所敷设的反光带:长度 300 毫米,宽度 50 毫米。反光带的能见距应不小于 500 米。

（10）额定乘员不得超过 150 人。

二、救生艇的属具与备品

每艘救生艇的正常属具应如下所述。

（1）桨 1 套,备用桨 2 支,代舵桨 1 支,桨架或桨叉一套半,带钩艇篙 1 支;

（2）每一艇底孔备艇底塞 2 枚,水瓢 1 只,水桶 2 只;

（3）舵及舵柄 1 套;

（4）太平斧 2 把;

（5）白光风灯 1 盏,备足可点燃 12 小时的灯油,防风火柴两盒,应装在水密容器内;

（6）桅帆及索具一套,帆为橙黄色;

（7）夜光式或有照明的救生艇罗经 1 具;

（8）装于救生艇外转护舷下的连环状救生索 1 条;

（9）海锚 1 只,锚索及取回索各 1 根,长度不小于 3 倍艇长;

（10）长度不小于 37 米的艇,备首缆 2 根,1 根固定在艇首柱,1 根用卸扣系在艇前端;

（11）布油袋 1 只,镇浪油箱 1 个(4.5 升);

（12）救生压缩饼干:每人配备 1.5 千克(国内航行船舶为 0.5 千克),贮于水密干粮箱内;

（13）每人配备 3 升淡水,贮于淡水箱内,附不锈钢水勺和饮水杯各 1 只;

（14）降落伞火箭 4 支,红光信号 6 支,烟雾信号 2 支,贮于水密箱内;

（15）急救药品 1 套,装在水密药箱内;

（16）适用于发摩氏信号的水密手电筒 1 只,备用电池两节、灯泡两只;

（17）日光信号镜 1 面;

（18）开罐头用折刀 1 把;

（19）长度不小于 25 米的引缆两根;

（20）手摇泵 1 具;

（21）哨笛 1 只;

（22）用于储存细小物件的锁柜 1 只;

（23）钓鱼用具 1 套;

（24）橙黄色风雨篷 1 具,用于保护乘员免受风雨侵袭;

（25）帆布艇罩一具及艇罩架 1 具;

（26）御寒的毛毯每艇至少 4 条,弃船时由专人携带登艇。

三、救生艇的降落

海上有风浪时,降落救生艇比较困难,应熟练操作与协调,并注意下列各点。

(1)大船减速后,维持舵效的速度,使船首 30°~40°受风,为放艇造成下风舷,必要时从大船上向下风撒镇浪油。

(2)带好艇首缆,尽可能长些为好。为防止救生艇剧烈摇荡,可在前后吊艇索上加围止荡索,并在艇舷与船壳之间垫好碰垫,船首尾用艇篙撑抵。

(3)选择几个大浪过后较平静的海面状况,立即解下荡索,迅速降艇下水。

(4)救生艇着水后立即摘去前后吊艇钩,待艇首缆吃力后,利用大船带动救生艇前进的速度,操纵艇外舷舵使艇离开大船船舷,当有足够的距离时,立即解除艇的首缆,出桨划离大船。

第二节　气胀式救生筏

救生筏是在船舶遇难时,船员求生用的一种工具。它能迅速入水,漂浮于水面上供船员登乘。救生筏具有一定浮力,有防浪御寒的帐篷和供求生人员食用的食品、淡水及其他属具。具有重量轻、占地小、易施放等优点。气胀式救生筏还具有充胀成型迅速、稳性好的特点。但它只能在水上待救,没有自航能力。

一、救生筏分类

救生筏根据其结构形式,可分为刚性救生筏和气胀救生筏两种。

1. 刚性救生筏

刚性救生筏也称传统式救生筏。它用刚性材料,如普通薄铁板、铝板等制成的空气浮力箱,外包防护板(或不加防护板)作为浮力材料。

2. 气胀救生筏

气胀救生筏又称充气救生筏。它用橡胶尼龙布制成上、下浮胎产生浮力,用气体充胀成圆形或椭圆形带有帐篷的橡皮小艇。

二、气胀救生筏

1. 气胀救生筏分类

根据其落水方式的不同,可分为如下。

(1)抛投式气胀筏

国产抛投式气胀救生筏的型号是 QJF,如 QJF-A-10。这里 QJF 是"气救筏"三个字汉语拼音的声母。A 表示甲型筏,适用于国际航行的船舶;B 表示乙型筏,适用于国内航行的船舶。10 表示额定乘员为 10 人,抛投式气胀筏目前不论甲、乙型都有 6、10、15、20、25 人五种类型。

渔业船舶配置的渔用筏(Y 型),型号有 QJF－Y－10、QJF－Y－15 两种。

(2) 可吊式气胀筏

可吊式气胀筏主要用于客轮。可吊式气胀筏目前生产的只有额定乘员 20 人一种类型。

(3) 滑道式气胀筏

滑道式气胀筏用于客轮,它的主要特点是人员登筏迅速。

2. 气胀救生筏的结构

气胀救生筏主要由筏体、篷柱、篷帆、筏底四个部分组成。

(1) 上、下浮胎:互相独立且上下不重叠的筏体。下浮胎为一单独的气室,上浮胎由两只对称的单向阀通向篷柱而构成另一气室。如果一个气室损坏,另一个气室仍能支持额定乘员浮于水面。此二气室使用时均以二氧化碳充胀成型。

(2) 软梯:设置在进口的下浮胎水下,供登筏时使用。

(3) 进出口和门帘:筏上有两个对称的进出口,并装有防浪御寒的二幅双层门帘。外门帘自上而下,里门帘自下向上,分别扣在上浮胎的篷帐上。

(4) 双层筏底:为一个气室,使用时以手动风箱充气。可防寒、隔热及增加筏的坚挺性。

(5) 安全阀:上、下浮胎各有一只安全阀。浮胎的工作压力是 80 毫米汞柱(1 mmHg=1.333×10^2 Pa),如压力超过两倍,安全阀自动开启排气,发出吱吱叫声,直到泄压至正常工作压力为止。

(6) 内、外扶手绳:筏外四周上下浮胎间设有扶手绳,供人攀扶。筏内四周的扶手绳供人拉住,避免摇摆。

(7) 筏底充气阀:带有塞头的单向进气阀,供双层筏底充气用。要求在 10 分钟内充入的气体压力达 40 毫米汞柱。

(8) 示位灯和照明灯:示位灯在筏顶端,照明灯在筏内篷柱下。

(9) 篷柱:与上浮胎连接,用于支撑篷帐的圆柱形支柱。因篷柱通过单向阀进气,即便上浮胎渗漏,篷柱也能直立。

(10) 篷帐:采用双层锦编防水胶布制成,粘贴在篷柱上,起防浪御寒作用。篷帐外层为橙黄色,内层为浅色,给乘员以舒适、安静感。

(11) 雨水沟:在篷帐中间有突出在胶布面上的两条水沟,沟内有橡皮管通向筏内悬挂着的集水袋,用以收集雨水。

(12) 平衡袋和提拎带:平衡带是设在筏下浮胎四角的橡皮袋。袋上有漏水孔,当筏下平衡袋中充满水后,增加了筏的阻力、稳性和平衡性。当拖带筏时,可用提拎带将平衡袋提起,以减少阻力。

(13)海水电池:示位灯与照明灯的电源,可供照明12小时以上。

(14)充气钢瓶:内装二氧化碳和氮气,瓶上附瓶头阀。只要充气拉索将瓶头阀打开即可充气。每只筏有钢瓶两只,分别给下、上浮胎和篷柱充气。

(15)筏底扶正绳:装在筏的底部,从钢瓶一侧向两边延伸,形成V形或Y形。当筏处于翻覆状态时,可用它来扶正筏体。

3. 气胀救生筏的船装件与属具

(1)气胀救生筏的船装件:指配装筏上与筏连接一起并随时可用的器材。

① 首缆和绳板:每筏配有直径10毫米,长度为32米(渔用筏为22米)的首缆一根。首缆与筏体连接间有根70厘米长的薄弱环(易断绳),首缆未拉开时,有规则地排列在绳板上,与筏体一起放入玻璃钢的存放筒内。

② 海锚:在筏的扶手索上系有带绳索和转环的海锚1只。

③ 安全小刀:为圆头、木柄,装在橡胶袋中,放在进出口的上浮胎内侧处。额定乘员12人以上,应另备一把,放在工具袋内。

④ 拯救环及绳索:此绳索长30米,一端固定于筏底的橡胶底座上,另一端系一只橡胶拯救环,供救援落水者用。

⑤ 积水袋及夹具:供雨水沟积存雨水用。

(2)气胀救生筏的属具:指附属于筏的器具。国产气胀式救生筏的属具装在两只圆柱形的防水纸筒内,外面用塑料纸密封,另有桨袋1只,均固定系妥安放在筏底,内有:

① 桨2支,由桨杆和桨叶用弹簧连接而成,在桨杆顶端有弯曲形的篙钩;

② 额定乘员每人配备的1.5升淡水;

③ 开罐刀3把(乙型筏可不配);

④ 红色降落伞火箭2支;

⑤ 日光信号镜,每筏1套,包括信号镜、瞄准器及说明书;

⑥ 手持红光火焰6支;

⑦ 钓鱼用具1套,包括鱼钩3只,鱼饵1只,尼龙线30米;

⑧ 额定乘员每人配备1份的压缩饼干;

⑨ 饮水量杯(不锈饮水杯)1只,容量刻度为250毫升;

⑩ 救生须知一本,包括救生信号图解及救生筏使用说明。

根据《国际海上人命安全公约》1983年修正案规定,救生筏的属具中增加有效雷达发射器1个、漂浮烟雾信号2只、红色降落伞火箭4支。

(3)气胀救生筏工具袋中的属具

① 海锚和索具1套;

② 充气器(手动风箱)1只,可用它补气,也可利用其进行抽气;

③ 防水手电筒1只,备用电池两节、电珠两只;

④ 哨笛 1 只,可听距离 0.5 海里;

⑤ 水瓢,乘员 13 人以上配两只,用以排除筏内积水;

⑥ 压缩海绵 2 块,吸干筏内积水用;

⑦ 补漏工具包 1 套,用以补筏的漏洞。内有大小堵漏塞两只、急救夹两只、补洞胶布 1 块、补洞胶水 0.1 升、纱布 1 张、剪刀 1 把、小漆刷 1 把、小滚轮 1 只、修补说明 1 份;

⑧ 备用缆绳 1 根,是直径 10 毫米、长 30 米的尼龙绳。

（4）气胀式救生筏内有急救药箱 1 只,药品与救生艇的相同。

4. 气胀式救生筏的基本要求

（1）气胀式救生筏的材料及结构应经认可,其构造应使筏在全海况下能暴露漂浮达 30 天;

（2）自 10 米高处投掷下水,其筏体及属具均不致损坏;

（3）能忍受从 4.5 米高度反复跳登而不致损坏;

（4）筏充气后处于翻覆位置,由一人能扶正;

（5）应能在 −30 ~ +65℃ 的温度范围内使用;

（6）筏的上、下浮胎中的一半浮力应能支持筏的额定乘员浮于水面;

（7）充气时,环境温度为 18 ~ 20℃ 之间时,充气时间在 1 分钟内,环境温度为 −30℃ 时,充气时间不超过 3 分钟;

（8）救生筏、包括舾装件及属具的总重量应不超过 185 千克;

（9）救生筏的额定乘员最少为 6 人,最多为 25 人;

（10）筏底应水密,应充分隔热和抵御寒冷,顶篷应为橙黄色。

5. 气胀救生筏的筏架与筏的投放

（1）筏架

气胀救生筏必须安放在筏架上,各类船舶配备的气胀式救生筏,一般均存放在救生艇甲板或上层较空敞而接近船舷的甲板上。在有不利纵倾 10° 和向任一舷横倾 20° 时,筏能直接从筏架上降落下水。

渔船气胀式筏架一般安放在上甲板靠近船舷一侧,以便紧急时使用。按照规定,凡用绳索将气胀筏固定捆扎在筏架上,须装有静水压力释放器。目前我国渔船上多用抛投式筏架,其型号为 CB/T 3068 – 1991。

（2）筏的抛投

气胀式救生筏投落方式为自行滑抛式,即人力动作后,自动脱钩,筏依靠重力滑抛至舷外。如果中小型运输船、渔船等的筏架中的定位管离舷外尚有一段距离,则在结构上可考虑有一段延伸部分,以便使筏体滑抛舷外。

（3）抛投筏时的注意事项

① 抛投前检查舷外有无救生艇、筏、落水人员、飘浮的其他物体等。如有,应让开后

再放;

　　② 检查筏的首缆是否已牢固地缚妥在船舶的固定物上;

　　③ 筏架靠舷边如有栏杆或铁链,需解开;

　　④ 松动脱钩或启动静水压力释放器的脱钩装置,将筏向舷边一推即可;

　　⑤ 观看筏是否开始充气,如没有则将首缆再拉出数米,直至筏开始充气;

　　⑥ 如气胀筏抛入水中呈翻覆状态,则需扶正。

　　6. 静水压力释放器(自动释放器)

　　静水压力释放器是为发生紧急海损事故,来不及人工释放筏而设计的自动释放筏的装置。正常使用时,可手动释放,使筏抛投入水。

　　(1)静水压力释放器的工作原理

　　静水压力释放器中有个气密的气室,其一边用橡胶膜片密封,当释放器随船下沉时,水压使气室的橡胶片内凹,推动轴向内缩进而杠杆支点分离,此时吊重钩受筏本身浮力作用而旋转,致挂重环脱离释放器,筏自动上浮而牵动充气拉索使筏自动充气成型,绷断易断绳后飘浮在海面上。

　　(2)释放器的种类

　　① 脚踏式:释放时只需用脚一踏,筏就滑向水面。这种释放器,因易发生误放事故,目前已停产。

　　② 手揿式:用手指揿释放器中心的膜片部分,使其脱钩。此种释放器目前在国内外普遍使用。

　　③ 拉杆式:人工释放时,将拉杆逆时针方向转90°,即可使吊重钩脱开。

　　④ 旋转式:利用手柄旋转释放器中部的旋钮旋柄,吊重环脱落。

　　(3)释放器的要求

　　① 按国际规定,水深不超过4米时,释放器能自动脱开救生筏。我国规定为2~4米。

　　② 连接救生筏首缆易断绳的断裂强度按国际要求为220±40千克。

　　7. 气胀式救生筏的扶正、登乘与检查

　　(1)筏的扶正

　　气胀式救生筏充气后如出现翻覆状态,应先扶正,方能登乘。图4-1所示为筏的扶正示意图。

　　筏的扶正步骤如下:穿好救生衣,游到筏的旁边,将筏的贮气钢瓶一侧拉至下风。然后人站在救生筏贮气钢瓶一侧筏底,双手拉住扶正带,向下一蹲,身体向后一仰,利用顺风顺流,将筏翻过来。然后推开筏,

图4-1　筏的扶正示意图

将头伸出水面。

（2）船员接到弃船命令后,应立刻穿妥救生衣去指定地点集合,并尽可能地多穿衣服,多带淡水和食物。弃船时,如果当时情况允许应直接登上救生筏,保持身体干燥,避免寒冷对人的刺激和影响。如果条件不允许直接登上救生筏,可利用绳梯或救生索登上救生筏,为了减少入水时可能受到的伤害,应尽量避免 5 米以上高度跳水,跳水时要确认舷外无障碍物,同时要做到以下要点。

图 4-2 跳水姿势

① 跳水时两臂交叉,一手捏鼻掩口,另一只手臂盖住捏鼻掩口的手臂,用手抓住肩部或者救生衣,两肘紧靠胸前,尽量压住救生衣,防止救生衣入水时受水反作用力冲击下颚而受伤。跳水时,先深呼吸后屏住气,双脚并拢,两眼平视前方,单脚起跳,头在上,脚在下。跳入水中后,双手不能松开,直至浮出水面再松手;跳水姿势如图 4-2 所示。

② 下水后,要尽快离开遇难船,以防船体沉没时产生的旋涡将人吸入。

③ 船体倾斜时,人应从船首或船尾离开,也可利用船舷绳索攀爬下水。

④ 应尽量缩短在水中停留时间,争取尽快登上救生筏,一时登不上救生筏时,应尽量保持静止不动,在低温水域里,为防止冻僵,手脚应经常活动。

⑤ 当水面有油(沉船中泄漏出的柴油、机油等)时,尽量使头部抬出水面,紧闭口,同时注意防止油溅入眼中。

⑥ 当水面有火时,应选择从上风入水,在水下向上风潜游。换气时,手先伸出水面,拨开水面的火焰,头部露出水面时,应将脸转向下风。

（3）筏的登乘

登筏的方法一般有三种:

① 船舷高度不超过 4.5 米时,身穿救生衣,从船边往筏的进出口处跳下。

② 利用船旁的软梯或舷梯进入筏内。

以上两种方法称为干脚登筏,是较理想的登筏方法。

③ 无上述条件,可穿救生衣入水,再游到筏边,两手抓住浮胎的拉索,一脚踏在软梯上再跨上一格,上半身向上浮胎内侧倾斜,纵身一跃,翻身入筏。

这种方法称为湿脚登筏,图 4-3 为登筏示意图。

图 4-3 登筏示意图

为防止筏受大船下沉涡流之影响,人员登筏后,用刀割断首缆,划离大船,而不应依靠易断绳自行绷断的方法。

(4)筏的检查和修理

① 登筏后应及时检查上下浮胎、篷柱等是否有足够的气体。如用手揿浮胎感到柔软无力,可用充气器手动补气。

② 在冬天,有可能夜间浮胎变得柔软,而白天变硬。此时,如补气要注意安全,如放气则应保证浮力。

③ 发现浮胎或篷柱有渗漏现象,必须立即进行修补。补漏的方法:对小洞或裂缝,可剪一小块胶布,用砂布将渗漏处及待补的胶布砂毛,刷上胶水,等稍干后贴补在漏水处,再用滚筒往返滚动、压实,使其不漏。补一般小洞最简便的方法是用堵漏塞,将它塞在洞内,向里旋转,堵住漏洞。

④ 破洞较大,也可用急救夹,将急救夹的一片横插入洞内,将四周胶布理平,然后将急救夹上下两片用元宝螺丝旋紧。

⑤ 救生筏外部的示位灯和内部的照明灯是以海水电池供电。若电能耗尽,应将备用的海水电池换上。

8. 安装气胀救生筏应注意的问题

正确安装气胀救生筏,能保证其在存放有效使用期内的可行性和安全性,确保紧急时能即刻取用。因此应按规定正确存放,平时注意维护和检修。

(1)把筏水平安放在筏架上,注意筏存放筒上的箭头和标记所示(应朝上)。存放筒上的加强盘不要搁在筏架构件上。

(2)剪掉用于防止运输过程中上下盖错开的筒两边的包装带。

(3)将筏的首缆固定在筏架或其他牢固点上。

(4)适当收紧固定缆绳,将固定缆绳在存放筒上围住,通过花篮螺丝与静水压力释放器的吊重环连接。释放器安装位置须在醒目处。

(5)不可对存放筒涂刷油漆,也不得在上面覆盖帆布罩或捆扎其他绳索、铁丝。

(6)保管好气胀救生筏检修证书,以便作好维修和物品更换记录。

第三节 救生浮具和救生圈

一、救生浮具

救生浮具是用钢质浮力箱或泡沫塑料包以帆布制成的矩形浮体,供遇险者扶着它漂浮在水面上等待救助的救生工具。救生浮具正反皆可使用,它四周装有救生拉索,中央设有绳网及木格踏脚板,供遇险者乘坐。如图4-4所示。

救生浮具能供6~16人使用,配备一根(截面)周长不小于50毫米,长度为25米合成

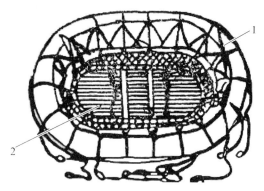

图4-4 救生浮具俯视图

1—浮胎　2—踏脚板

纤维绳作为首缆,手划桨2支,自亮浮灯1只,并附有30米长橙黄色的合成纤维索的救生浮环1个。还备有两根绑带,使乏力的乘员能用绑带方便地系在救生索的环上。救生浮具外表涂成橙黄色,上面钉上铭牌,注明额定乘员、规格、浮力、稳性,使用范围及制造单位、所属船名、港籍及编号等。

渔船上一般备用3只救生浮具(由于气胀救生筏的适用性、实用性更强,目前不少渔船已不再配备救生浮具),存放时可重叠在一起,但其上面不可堆压杂物,以便当船舶沉没时,能自由浮起。

救生浮具要作定期检查,其强度应满足自18米高处投入水中,而不受损的要求;其稳性,要求在浮具的任一边缘,每隔0.3米的长度挂重7千克的铁块,而挂重一边的上边缘不没入水中;浮力标准是在淡水中能承受14.5千克×额定乘员人数的重量,至少漂浮24小时。

二、救生圈

救生圈是船上个人救生设备之一,是供落水人员攀扶的救生设备。根据我国渔船特点,船长在30至35米之间,在驾驶室左右两侧各配两只,在船尾起放网作业处,左右各配一只。万一船尾有人落水时,即可随手拿取进行抛投。

1. 救生圈的结构

救生圈有包布救生圈(A型)及不包布救生圈(B型)两种。救生圈的材料采用闭孔泡沫塑料,组成环状浮圈,外层包以帆布,配有合成纤维把手,绳长是救生圈外径的四倍。

救生圈的结构,如图4-5所示。

图4-5 救生圈

2. 救生圈的要求

(1)浮力要求在淡水中负重14.5千克的铁块支承达24小时不下沉。

(2)能承受-30℃至+65℃的温度变化,交替试验而没有开裂和发黏。

(3)经30米高的投水试验,应不出现损坏或断裂或裂痕现象。

(4)救生圈应具有不大于800毫米的外径和不小于400毫米的内径。其质量不小于2.5千克。

(5)离开火焰后应不燃烧或不继续熔化。

（6）具有一定强度,经得起抗损坏试验。

3. 救生圈灯浮

救生圈上附有自亮灯浮,以便夜间能识别其位置。常用的自亮灯浮有电池式和化学自燃火焰式两种,在油轮上规定只能使用电池式灯浮。

（1）电池式救生灯浮,照距达 2 海里,持续时间一个月。

（2）化学自燃火焰式救生灯浮,燃烧时火焰相当于 150 烛光,持续时间约 45 分钟以上。

自亮灯浮带有烟雾信号,在白天,发出橙黄色烟雾信号,时间在 15 分钟以上,能见距离 2 海里以上。

4. 救生圈的标记及存放

（1）救生圈为橙黄色,上面写明船名和船籍港;国际航行的船舶,船名下加注汉语拼音（或英文）,船籍港下加注英文。

（2）救生圈应放在易于取用和醒目的地点,不得以任何方式永久缚牢。一般安放在三角架上,可随时取用。

（3）存放在船尾的救生圈,不能被网衣或其他重物压住,以便能及时投掷。

5. 救生圈的使用及保管

（1）在水中使用救生圈的方法:用手压救生圈的一边使之竖起,另一只手握住救生圈的另一边,把它套进脖子,然后置于腋下,或先用两手压住救生圈的一边使之竖立,手和头乘势套入圈内,将救生圈夹在两腋下,也有的采用一手抓救生圈,另一手做划水动作。

（2）船在停泊时,如有人落水,船上抛投者应一手握救生索,另一只手将救生圈抛在落水人员的下流方向,无流有风时抛在上风口,便于落水者攀拿。注意不要打到落水人员身上。也可以将救生索系在栏杆上,两手同时抛投救生圈。

（3）船在航行中有人落水,应先查清人落水的方向,然后停车,拉汽笛,转向,发现目标,立即抛救生圈。

（4）系在救生圈上的救生索,要理清,防止缠住或磨损。

（5）救生圈应三个月检查一次。

（6）每年对其浮力测试一次,不合格者应淘汰。

（7）救生圈用后应用淡水冲洗,晒干后挂回原处。平时不能随便拿做他用。

第四节　救　生　衣

救生衣是船员临水作业穿着的安全防护用品,每人至少一件。救生衣具有体积小、重量轻、浮力大和穿着方便的特点。

一、救生衣的基本要求

（1）救生衣应以泡沫塑料或其他等效材料制成，具有良好的浮力和耐久性，如图4-6所示。

图4-6　救生衣

① 在酸、碱溶液中或柴油中浸泡24小时没有膨胀或收缩的变化。

② 耐温性能应在-30℃至+65℃的温度范围内不龟裂、不发黏。

（2）救生衣应穿着舒适，行动方便，并尽可能两面可穿或标明只能一面穿。阅读使用说明书后，无需他人帮助，能在60秒内穿着完毕。

（3）救生衣穿着者能自如地转动身体，能使其身体后倾仰卧浮于水中，面部露出水面，保持安全的漂浮姿态，要求救生衣能使穿着者在水中保持20°至50°的后倾角，嘴部露出水面12厘米。

（4）救生衣浮力应能在淡水中将7.5千克铁块支承24小时。完全浸没在淡水中24小时后，浮力减少不大于5%。

（5）救生衣穿着者从4.5米高处垂直入水不受伤害，救生衣不移位、不损坏。

（6）救生衣包布应为橙黄色，配备哨笛一只，反光材料两块。每件救生衣上应有标志、型号、规格、制造厂名、出厂日期，渔船检验局及下属检验处检验标志和铭牌，并写上船名、港籍、编号等。

二、救生衣的存放与保管

（1）救生衣应存放在清洁、干燥、易于取用的地方。

（2）救生衣上应加挂应变部署表中援助工作分配的名单。船上应在适当地点张贴救生衣使用方法的说明。

（3）救生衣每月应晒一次，每三个月检查一次，每年作浮力测试一次。渔船工作时穿着的工作救生衣每月要清洗一次。

（4）救生衣只能作救生或临水作业使用，不可当枕头或坐垫，以免影响浮力。

第五章　遇险求救信号

第一节　遇险信号和声光信号

一、遇险信号

以下信号,不论是一起或分别使用或显示,均表示遇险需要救助。

（1）每隔 1 分钟鸣炮或燃放爆炸信号一次；

（2）用任何雾号器具连续发声；

（3）以短的间隔,每次放一个抛射红星火箭或信号弹；

（4）施放红色的降落伞火箭或手持式的突耀火焰；

（5）施放橙色烟雾信号；

（6）在船上燃起火焰(如从燃着的柏油桶、油桶等发出的火焰)；

（7）两臂向两侧伸直,慢慢地并重复地上下摆动；

（8）用无线电报或任何其他通信方法发摩氏码组···－－－···(SOS)信号；

（9）用无线电话发出"梅代"(MAYDAY)语音的信号；

（10）《国际简语信号规则》中表示遇难的信号 N,C；

（11）由一面方旗放在一个球体或类似球形物体的上方或下方组成的信号；

（12）无线电报报警信号；

（13）无线电话报警信号；

（14）由应急无线电示位标发出的信号；

（15）一张橙色帆布上带有一个黑色正方形和圆圈或者其他合适的符号(供空中识别)；

（16）海水染色标志。

除了为表示遇险需要救助外,禁止使用或显示上述任何信号以及可能与上述任何信号相混淆的其他信号。

二、声光信号

声光信号是利用哨笛、日光信号镜、手电筒等发出声音和光,也可以使用摩氏符号(SOS)达到求救目的。

救生艇、筏上都配有几种求救信号,以便遇险飘浮求生时,适时向过往的任何船只、飞机或向海岸救助机构发出信号,以引起对方注意,从而能够得到救援,也可作相互联系用。

第二节　烟 火 信 号

船舶烟火信号设备是指使用化学混合物,用物理或化学的方法使其引燃后发生反应,出现声响、光亮、烟雾等现象,作为船舶发生紧急事故时,要求救援和识别、联络等用途的设备。

一、烟火信号的分类和性能

《国际海上人命安全公约》1983年修正案和我国对于船舶烟火信号的品种和性能的要求都有明确的规定。其中我国1984年《海船信号设备规范》对烟火信号的一般技术要求有:

（1）烟火信号应操作简便、安全、可靠,其外形无论在白昼或黑夜,均应能识别烟火信号的发出端,并确保正常施放。

（2）烟火信号的引燃具与信号壳体组装成整体,应随时处于引燃待施放状态。

（3）烟火信号应能在环境气温−30℃至+65℃的任何海况下正常使用。

（4）烟火信号在船上存放,正常条件下,有效期应不少于3年。

（5）每支烟火信号的壳体外表面,应经久清晰地印有烟火信号的名称、用途、性能、制造厂名、制造年月、批号、有效期、船舶检验局检验标志及认可号,还应有简要明了的图解使用说明及安全注意事项。

（6）烟火信号的包装应能防潮、防震。每支烟火信号应有密封的透明包装袋。

烟火信号包括以下几类:

1. 声响类信号

（1）声响火箭:能发射至300米高空,发出巨大的爆炸声,其可听距离不小于5海里。

（2）声响榴弹:一种比较易发生爆炸事故的烟火信号,使用时必须十分小心。操作时可采用手持或悬挂的方式:手持式——人点燃榴弹后应立即将其抛向5米以外的空间;悬挂式——人点燃榴弹后应迅速离开至5米以外距离。

声响榴弹在点燃后3~5秒即发出巨大爆炸声,可听距离不小于2海里。

2. 高空发光类信号

（1）红星火箭:按GB 3107.3−91要求,点燃后发射至300米高空爆炸,单颗红星发出光强不少于80 000烛光的红色火光,燃烧时间至少8秒。

（2）绿星火箭:单颗绿星发出3 000烛光光强的绿色火光。其他性能和施放方法同红星火箭。

（3）红光降落伞火箭:点燃发射至300米高空爆炸,带红光的降落伞发出的光强不少于30 000烛光,在空中燃烧发光不少于40秒,并以不大于每秒5米的平均速度下降。最后在 100 米的高空熄灭。

（4）白光降落伞火箭：点燃发射至 300 米高空中，带白光的降落伞发出的光强不少于 15 000 烛光，在空中燃烧发光不少于 30 秒，性能同红光降落伞火箭。

3. 手持发光类信号

（1）红光火焰：燃烧时间不少于 60 秒，点燃后能发出光强不少于 15 000 烛光的红光火焰。

（2）白光火焰：除燃烧时间不少于 30 秒要求外，性能同红光火焰。

4. 烟雾信号

（1）船用橙色烟雾：一般均为拉发式施放，发出橙色浓烟，漂浮在海面上，燃烧时间不少于 3 分钟，可见距离大于等于 2 海里。

（2）救生圈用橙色烟雾：附在救生圈旁的一种烟雾信号。使用时，其随救生圈一起抛入海后即自动点燃，燃烧时间不少于 15 分钟。

5. 船用海水染色信号

紧急使用时，打开令环、抛入海中，即会导致海水被染成橙色或绿色。其维持时间不少于 90 分钟，可见距离不少于 3 海里。

渔船上常用的烟火信号有船用红光降落伞火箭信号、船用红光火焰信号和船用橙色烟雾信号。

二、烟火信号的配备

（1）船舶烟火信号应配备的数量如表 5-1 所示。

表 5-1　船舶烟火信号的配备

名　　称	单位	船长（米）				
		≥100	<100，≥50	<50，≥20	<20，≥12	<12
船用红光降落伞火箭信号	支	12	12	6	4	2
船用声响火箭或声响榴弹②	支	12	6	4		
船用红星火箭信号②	支	6	6			
船用红光火焰信号①	支			6	6	6
船用橙色烟雾信号②	支			2	2	2
船用白光火焰信号②	支	6	6	6	6	6
船用海水染色信号②	支			6	4	2

注：① 油船应以等量的船用红星火箭信号代替红光火焰信号。
　　② 建议配备。

以上配备标准除客船以外的其他国内航行船舶，可按表列数量减半配备。但不得少于船长小于 12 米的船舶应配备的数量。

（2）根据《海船救生设备规范》要求，救生艇、筏烟火信号应配备的数量如表 5 - 2 所示。

表 5 - 2　救生艇、筏烟火信号的配备

名　　　称	单位	救生艇		气胀救生筏	
		国际航行	国内航行	国际航行	国内航行
船用红光火焰信号	支	6	6	6	3
船用红光降落伞火箭信号	支	4	4	4	1
船用橙色烟雾信号	支	2	2	2	

注：救生艇包括划桨艇和机动艇。

第三节　烟火信号的使用

一、烟火信号的施放方法

烟火信号是用硫黄、硫酸钾等黑色火药和硝酸钾、硝酸钡等易燃易爆化学危险品作为原料制成的，如果保管和使用不当，容易发生燃烧、爆炸，危及国家财产和乘员生命安全。因此，烟火信号必须特别注意妥善保管和正确使用。

烟火信号的施放方法通常有擦发式、拉发式、击发式三种。擦发式是利用擦火板与点火点进行剧烈摩擦发火；拉发式是拉掉信号顶端的环形令圈，使弹簧撞击发火头发火；击发式是利用击发器的反作用，转出铰链式击发器，同样撞击发火头发火。发火的目的是使火成为传导火源，点燃信号本身，完成爆炸、燃烧、高飞、发光、发烟、发声等各种动作，以示求救或联络。

现将各类信号施放方法介绍如下。

1. 音响榴弹类

施放方法有擦发式和拉发式两种。

悬挂式音响榴弹多采用擦发式施放，上盖即是擦火板。使用时，将音响榴弹上端的胶带撕开，将里面挂绳拉出，将信号挂在船首桅、吊杆等高旷处，然后将下端胶带撕开，露出点火头，用擦火板用力迅速摩擦下端的点火头，信号即刻发火燃烧。此时施放者应迅速离开信号至少 5 米。如果一时没有发生爆炸，必须等待半分钟以后，才可以接近信号检查。

使用拉发式音响榴弹时，先撕去下方胶带，用手指戳破密封防潮纸，剔出令圈。施放时，一只手紧握信号，另一只手指钩住令圈，向外猛拉，随即将信号用力抛向 5 米以外空间。信号即使掉落在水中，同样也能发出巨响。

2. 各类火箭

包括红白降落伞火箭、声响火箭、红绿星光火箭等。目前，世界各国生产的火箭，其施

放方法大多为击发式,个别也有拉发式的。

使用击发式火箭时,先撕去上端的胶带,将上端铁盖变松,但不要取掉上端铁盖,再撕去下端的胶带,用手指剔去用作保险的胶布或木块,并将击发器铰链式的叶片轻轻地翻转过来靠近火箭的筒身。施放时,双脚站稳,一只手紧握火箭筒,用另一手的手掌根部用力压紧击发器叶片并贴近火箭筒身,火箭即被点燃。这时,用双手握正火箭筒,火箭底部与眼睛处同一水平线上,火箭升空时,稍有后坐力。

拉发式火箭施放时,用手拉掉拉环,火箭即点燃,其余动作均同击发式。

3. 各种手持火焰

此类火焰的施放方法有擦发式和拉发式两种。

使用手持擦发式火焰时,先撕去上端胶带,露出点火头,然后撕掉下端胶带,取出下端盖上的擦火板。施放时,一只手紧握信号筒上部,向舷外下风处斜举过头,另一只手将擦火板紧贴点火头的端面,沿水平方向用力摩擦点火头,使其发火。此时紧握信号筒上部的手马上换握到信号手柄位置,手臂向舷外下风的上方处伸直,使点燃的信号筒身与水平面的夹角成45°左右。有时因擦火板或点火头受潮,不能发火,可以利用其他火种引燃,使之燃烧发光。

另一种纸筒式火焰,使用时,先撕去下端胶布取出擦火板,并旋出内筒,内筒的顶端即是点火头,将内筒下端的外螺纹旋紧,此时内、外筒连接在一起。施放方法同擦发式。

使用手持拉发式火焰时,将上端的胶带撕去,用手指戳破下端密封防潮纸,剔出令圈环,用食指钩紧,向外猛拉,即可点燃。也有点火装置安装在信号筒上端的,同样方法取出令圈环,用食指钩紧,向上猛拉,点燃信号,其他动作和要求同擦发式。

4. 烟雾信号类

橙色烟雾信号的施放方法为拉发式。施放时,先将铁皮盖旋开,用手指戳破密封防潮纸,剔出令圈环,用食指钩紧,向上猛拉。此时信号开始冒烟,待5~10秒后将其抛向下风方向的海面上,即有橙色烟雾持续发出。

5. 其他信号类

救生圈用自亮浮灯,利用本身重心作用,抛投后向上浮在水面上时,导致电源接通,灯光发亮。施放时只需随救生圈一起抛投入海即可。救生圈组合信号,是包括自亮浮灯和橙色烟雾两种组合在一起的信号,使用方法同上。另外,还有救生圈自燃火焰,使用方法也同上。

二、求救烟火信号在遇难时的综合应用

1. 在遇难船上

白天可以用汽笛、哨笛、日光信号镜或点燃柴油、布片等物品以引起过往船只、飞机的

注意。烟火信号中的手持红光火焰、红光降落伞火箭、音响火箭、音响榴弹、橙色烟雾信号都可以施放,以引起注意。

晚上可用汽笛、哨笛、铜锣、警铃以及探照灯、摩氏信号灯等发出求救信号,也可以用音响榴弹、音响火箭、红光降落伞火箭、红光火焰甚至手电筒等引起过往船只、飞机的注意。

2. 在救生艇、筏中

白天用哨笛、日光信号镜、橙色烟雾、红光火焰及红光降落伞火箭等发出求救信号。尤其是红光降落伞火箭,其可观察的距离比较远。在救生筏中施放手持红光火焰时,应将信号伸至方向筏下风的外面,手持信号的手臂与水平面夹角成45°左右,并举过头顶,防止火焰燃烧过程中的溅落物灼伤手和烧损筏体。

晚上,可以用哨笛、摩氏手电筒、红光火焰以及红光降落伞火箭等发出求救信号。

3. 在救生站或岸上海事救助单位

白天用红光火焰、白旗以及各色星光火箭指示安全和行动的方向。晚上可用红星火箭、白星火箭、绿星火箭或红、白火焰指引运送遇险船员或救生艇、筏登陆的方向。

第二篇

船舶消防

第六章　燃烧的基本知识

第一节　燃烧三要素

一、燃烧的含义

燃烧是指可燃物在一定的温度下,与空气中的氧气发生剧烈的氧化反应,并且发光发热的现象。人们常说的"起火"和"着火",就是燃烧一词的习惯叫法。

只有放热发光而没有氧化反应,这不是燃烧。如灼热的金属等,虽能放热发光,但只是一种物理现象。同样,只有氧化反应而不放热发光也不是燃烧,如金属生锈等。

二、燃烧三要素

燃烧必须具备三个条件(又称三要素),即可燃物、助燃物和着火源。

1. 可燃物

凡是可以燃烧的物质都叫作可燃物,一般有以下三种。

(1)固体可燃物:如木材、纸张、煤炭、布、金属钾、镁等。

(2)液体可燃物:如汽油、柴油、桐油、酒精、煤油等。

(3)气体可燃物:如乙炔气、煤气、氢气等。

可燃物的燃烧实质上是可燃蒸气或可燃气体的燃烧。从可燃物的燃烧过程来看,固体可燃物受热后先要经过熔化,再蒸发出可燃蒸气,然后发生氧化燃烧;液体可燃物受热后即蒸发成可燃蒸气,再发生氧化燃烧;气体可燃物受热后则直接发生氧化燃烧。因此从燃烧的速度看,气体可燃物的燃烧速度最快,液体可燃物次之,固体可燃物较慢。另外,木刨花比整块木块容易燃烧,则说明物质的可燃性是可以随着条件的变化而变化的。

可燃物只能在可燃气体(蒸气)与氧气混合到一定的比例保持一定的浓度时,才会发生燃烧。如在 20℃ 时,用火柴点汽油就会立刻发生燃烧;而煤油在 20℃ 时产生的可燃蒸气浓度较低,用火柴去点煤油,煤油就不能燃烧。

2. 助燃物

凡是能帮助燃烧的物质都叫助燃物,如氧气、氧化剂等。正常空气中的含氧量为 21% 左右,当空气中含氧量降低到 11% 以下时,可燃物即会停止燃烧。可燃物燃烧时,对空气中的含氧量都有一定的最低要求,如汽油为 14.4%,乙醇为 15%,煤油为 15%,乙醚为 12%。

当空气中的含氧量不充足时,会发生不完全燃烧的现象,此时浓烟滚滚,烟雾弥漫,会产生大量有毒的一氧化碳气体,其浓度可以致人死亡。故在扑救此类火灾时,必须采取防毒措施。

3. 着火源

能引起可燃物燃烧的热能源叫着火源。如明火、火星、电火花、炽热体、雷击等。可燃物燃烧需要有足够的温度和热量,一般在燃烧前由外来热源使可燃物加热增温,当温度达到可燃物燃点时就开始燃烧。

明火是较强的热能源,其温度在 700℃ 以上,它可以点燃任何可燃物。火星虽然时间极短,但其温度却可达 1 200℃,可以点燃可燃气体、粉尘、棉花、干草等。炽热体是指本身受了高温作用,由于蓄热而成为较高温度的物体,如烧红的钢板等。电火花是由电气开关、电动机、变压器等在接点闭合和开启时产生,还有静电火花都能点燃可燃气体、粉尘和某些疏松的可燃物。雷击是大气中的一种放电现象,放电时的温度更可高达 20 000℃,雷击可造成设备损坏,造成大规模的停电,也可引起火灾和爆炸。

综上所述,这三个要素必须同时具备,并相互作用,燃烧才能实现,缺少其中任何一个要素,燃烧都不会发生。人们通常把这三个要素的相互关系称为燃烧三角,如图 6-1 所示。

图 6-1　燃烧三要素示意图

第二节　燃烧的类型

燃烧的类型可分为闪燃、着火、自燃和爆炸四种。

一、闪燃

除可燃气体外,可燃物在燃烧前都有一个蒸发为可燃蒸气的汽化过程,物质的汽化都必须要加热到一定的温度才能发生。温度越高,散发越快、浓度越浓。当散发的可燃蒸气与空气中的氧气混合到一定比例时,遇火就会发生一闪即灭的燃烧,这种现象就称为闪燃。

发生闪燃时的最低温度即为可燃物的闪点。闪点标志着可燃物的易燃易爆程度,闪点越低,可燃物发生燃烧的危险性越大。汽油的闪点为-58℃,说明汽油在很低温度下也极易挥发出足够的可燃气体,如与空气混合到一定的比例时,遇火就会发生燃烧与爆炸。了解和掌握可燃物的闪点,对于我们扑救火灾和做好可燃物的储运、保管和使用等都有一定的作用。

我国《道路危险货物运输管理规定》规定,闪点温度在45℃以下的可燃液体称为易燃液体,闪点温度在45℃以上的可燃液体称为可燃液体。

根据闪点温度的不同,我国把石油产品分为三级:一级石油产品的闪点温度在28℃以下,二级石油产品的闪点温度在28~65℃之间,三级石油产品的闪点温度在65℃以上。表6-1所示为几种常见可燃液体的闪点温度。

表6-1 几种常见液体的闪点温度

液体名称	闪点温度(℃)	液体名称	闪点温度(℃)
汽 油	-58~10	丙 酮	-17
苯	-15	二乙醚	-45.5
甲 醇	-9.5	乙酸乙酯	-5
乙醇(酒精)	11	松节油	30
煤 油	28~45	桐 油	239

二、着火(燃烧)和着火点(燃点)

可燃物加热到闪点温度时只能发生闪燃,还不能发生持续着火(燃烧)。当温度升高到产生足够可燃气体时,就会发生持续不断的燃烧。能维持可燃物不断燃烧的最低温度称为可燃物的"燃点"。燃点越低,越容易燃烧。表6-2所示为几种常见可燃物的燃点。

表6-2 常见可燃物的燃点

可燃物名称	燃点(℃)	可燃物名称	燃点(℃)	可燃物名称	燃点(℃)
黄 磷	34~60	橡 胶	120	麦 草	200
纸 张	130	樟 脑	70	棉 花	210
麻 绒	150	胶 布	325	硫	207
布 匹	200	漆 布	165	松节油	53
烟 叶	222	木 材	250	煤	400
赛璐珞	140	照明煤油	86	涤纹纤维	390

三、自燃和自燃点

1. 自燃

指可燃物未接触明火,因受热或自身发热、蓄热而自发燃烧的现象。

(1)受热自燃:指可燃物在外界热源的作用下,使可燃物的温度不断升高,当温度达到它的自燃点时,便会自发地发生燃烧的现象,如机舱里的燃油喷洒到高温的排气管道上时,就会因受热发生自燃。

（2）蓄热自燃:指可燃物在没有外界热源的影响下,由于自身内部氧化产生热量,并聚积发热,而引起的燃烧,如鱼粉的堆积就极易引起蓄热自燃。

2. 自燃点

使可燃物发生自燃的最低温度,称为"自燃点"。可燃物的自燃点越低,发生火灾的危险性越大,但可燃物的自燃点不是一成不变的,它随着压力、浓度和空气中的含氧量不同而变动。压力越大,浓度越浓,含氧量越高,自燃点就越低。表6-3所示为几种常见可燃物的自燃点。

表6-3　几种常见可燃物的自燃点

可燃物名称	自燃点（℃）	可燃物名称	自燃点（℃）
煤油	240~290	二氧化碳	112~170
溶剂油	235	锌块	360
乙醚	180	松香	240
桐油	410	赤磷	200~250
汽油	280	赛璐珞	150~180
柴油	350~380	乙炔	305

四、爆炸和爆炸极限

1. 爆炸

爆炸指可燃物受到高热、摩擦、冲击等外力作用或与其他物质接触,发生剧烈的氧化反应,在极短的时间内放出大量能量的现象。爆炸时产生的高温和高压,剧烈地向四周扩散,对周围产生冲击压力和爆破作用,能直接造成火灾,对船舶有很大的危险性。

2. 爆炸极限

可燃气体、蒸汽、粉尘与空气混合并达到一定浓度范围,遇火就会发生爆炸,这个浓度范围称作"爆炸极限"。它的最低浓度叫爆炸下限,最高浓度叫爆炸上限。爆炸极限一般用可燃气体在混合气体中的体积百分比（%）表示。

爆炸极限说明,如果可燃气体、蒸气或粉尘在空气中的浓度低于其爆炸下限时,遇火既不会燃烧也不会爆炸,如果浓度高于其爆炸上限时,遇火虽不会爆炸但却能燃烧,并随时会被空气冲淡而进入爆炸极限,因此存在着爆炸危险。

可燃物爆炸危险性的大小,取决于爆炸上、下限间的幅度和爆炸下限的高低。爆炸极限的幅度越大,越容易爆炸。如乙炔气的爆炸下限是2.5%,上限是80%;硫化氢的爆炸下限是4.3%,上限是45.5%。两者相比,乙炔气的爆炸危险性就要比硫化氢大。

爆炸下限低的可燃气体或蒸气,即使泄漏在空气中的含量不是很大,也很容易进入爆炸极限,同样具有很大的危险性。如汽油的爆炸下限为 1.0%,极易遇火发生爆炸。因此在生产、使用、运输这类危险物品时,特别要注意防止跑、冒、滴、漏。

可燃物的爆炸极限也并不是一成不变的,它随着温度、压力、含氧量、热源能量等的变化而变化,如含氧量低,则爆炸极限的范围就缩小,所以在油轮的油舱里充装二氧化碳等惰性气体,就能减少含氧量,有效地起到防爆作用。

第三节 火 灾 的 蔓 延

可燃物的燃烧,除了必需的氧气外,还需要温度达到其燃点,然后才会燃烧。温度的升高需要热量,所以热的传播是火灾蔓延的主要原因。

热传播有以下三种形式。

一、热传导

热量从传热体的一端传到另一端的现象,如铁条的一端放在火炉内烧,一段时间以后,另一端捏铁条的手就会感到发烫。金属物体较非金属物体的传热性强,如钢材比木材强 350 倍,铝比木材强 1 000 倍等。

二、热辐射

热源沿直线直接向四周传播热量的现象,称为热辐射。燃烧温度越高,辐射热量越多;距离越近,受热越多。发生火灾时火焰温度通常在 1 000℃以上,木材、竹竿、衣被、纸张等由于燃点较低,如果距离火焰较近,就可使其被点燃而燃烧。

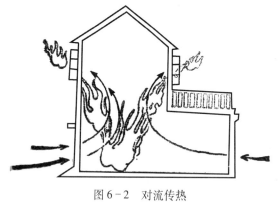

图 6-2 对流传热

三、热对流

空气中由于各部分温度不同,受热的空气上升后,冷空气就来补充热空气所上升后的空间,从而产生了空气相对流动的现象,如机舱底层起火时,热气流往往通过机舱的门窗等向高层流动,当热气流接触到可燃物时,就可能点燃可燃物而发生燃烧,而且火势一般都是向高层蔓延,如图 6-2 所示。

在热传播的三种形式中,以热传导和热辐射的传热性较强。

第七章　灭火方法和灭火剂

第一节　火的种类和灭火方法

一、火的种类

不同可燃物质的燃烧所产生的火,有着各自不同的特点,施救方法也不同。为了便于采用适当的方法将火扑灭,对火进行了归纳分类。自1981年开始,国际海事组织采用了欧洲共同体的火灾分类方法,将火分为甲类火、乙类火、丙类火和丁类火四类。

1. 甲类火

普通可燃固体物质如木材、棉花、煤炭、绳索等燃烧产生的火。
(1)燃烧特点:不但表面燃烧,且深入内部,在存在火种的条件下易复燃。
(2)施救措施:用水浇注,彻底扑灭火种,防止死灰复燃。

2. 乙类火

可燃液体物质如汽油、柴油、油漆、动植物油脂等燃烧产生的火。
(1)燃烧特点:只限于表面燃烧,有爆炸的危险。
(2)施救措施:宜用泡沫、水雾、1211灭火剂、二氧化碳等进行施救,但不能用水浇。因为油的相对密度比水小,油漂浮在水面上,浇水后会使燃烧的油火随着水的流动蔓延各处。

3. 丙类火

可燃气体物质如煤气、乙炔气、天然气等燃烧产生的火。
(1)燃烧特点:火势迅猛,均相燃烧、无分界面。
(2)施救措施:用1211灭火剂及干粉灭火剂扑救较适宜。

4. 丁类火

可燃金属物质如轻金属钾、钠、镁等燃烧产生的火。
(1)燃烧特点:温度高,可达2 000多度。
(2)施救措施:采用金属型干粉或沙土扑救,严禁用水扑救。
对于因电机、电器设备等漏电引起的火灾,不单独进行分类。
其灭火原则是:切断电源后,可用水浇注。在电源未切断前,禁止用水和泡沫施救,以防触电。如无法切断电源或情况不明时,应采用不导电的 1211 灭火剂、二氧化碳、干粉等灭火剂进行扑救。

二、灭火方法

燃烧的三个要素必须同时具备、互相结合、互相作用才能发生燃烧,只要除去其中一个要素,即可达到灭火目的。

常用的灭火方法有以下五种。

图 7-1　窒息法

1. 窒息法

使燃烧物与空气隔绝,致其缺氧窒息而熄灭,如图 7-1 所示。

(1) 使用不可燃物覆盖着火物:可使用沙土、石棉布、浸过水的毛毯和棉被等加以覆盖,适用于火灾初起,着火面积不大时。

(2) 使用不可燃气(液)体覆盖着火物:可使用二氧化碳气体、泡沫,尤其适用于液体燃料引起的火灾以及货舱内的火灾。

(3) 减少或隔绝空气来源:关闭火场的门、窗、通风管道等空气通道,使燃烧物与空气隔绝或使空气中的含氧量降到 11% 以下,以达到灭火目的。

2. 冷却法

降低燃烧物的温度,使其低于燃烧物的燃点,火就烧不起来。如用水或二氧化碳喷洒在燃烧物上,起到降温灭火效果。同时还可用水冷却火场附近的可燃物,阻止火势的蔓延。

3. 隔离法

将未着火的可燃物与燃烧物体隔开,杜绝可燃物的来源,把火控制在一定范围内。如将未着火的可燃物从火场附近移走,关闭可燃气体或可燃液体的阀门,在可燃物上浇水或覆盖一层泡沫等。

4. 抑制法

抑制法也称化学中断法,是通过化学灭火剂与燃烧物接触,使之受热气化并渗入燃烧反应中,使助燃的游离基消失或产生活动性很低的或稳定的游离基,抑制燃烧的连锁反应,使燃烧中断,如使用 1211、干粉灭火剂等。

5. 抛弃法

把已经着火的燃烧物抛入水中,除去火种,使燃烧停止。这种方法在燃烧初起时是很有效的。

第二节　灭　火　剂

不同的燃烧物具有不同的物理和化学性质,它们燃烧后的特点也各不相同。必须根据它们的特点,选取合适的灭火剂,才能有效地将火扑灭。灭火剂的种类很多,船上常用的有下列几种。

一、水

水是船上取之不尽、用之不竭的天然灭火剂。

1. 水的灭火作用

(1) 冷却可燃烧物质:水是一种有效的冷却剂,水的比热容大,1 千克水,温度升高 $1{}^{\circ}\!C$ 要吸收 4.180 千焦的热量;水的汽化潜热也高,1 千克 $100{}^{\circ}\!C$ 的水加热汽化成 $100{}^{\circ}\!C$ 水蒸气,要吸收 2 250 千焦的热量。发生火灾时,使用大量的水喷射在燃烧物上,就能很快降低其周围空气的温度,从而将火扑灭。

(2) 稀释空气中的含氧量:1 千克水加热汽化后能生成 1 720 升的水蒸气,可以稀释燃烧区的可燃气体和氧气的浓度,并能阻止空气中的氧气进入燃烧区,以减弱燃烧的强度。

(3) 起机械摧毁作用:强有力的水柱具有很大的冲击力,冲散燃烧物,使其燃烧强度减弱,达到灭火目的。

水可以扑救甲类火,也可以通过喷雾水枪喷出水雾扑救乙类火和防护并引导施救人员接近火场救火。

2. 使用注意事项

下列物质引起的燃烧不能用水扑救。

(1) 轻金属燃烧:遇水后能生成氢气,并放出大量热量,引起自燃或爆炸。

(2) 碳化钙(电石):电石遇水会产生乙炔气,且放出热量,容易爆炸。

(3) 三酸(硫酸、盐酸、硝酸):这三种酸都是强酸,腐蚀性很强。水直射在酸液上会引起酸液发热飞溅,腐蚀设备,灼伤人体。

(4) 油类:燃烧的油浮在水面,会扩大火灾范围。

(5) 熔化的钢铁溶液:水遇到高温的钢铁溶液,会使水迅速汽化并分解出氢气和氧气,存在爆炸的危险。

(6) 未切断电源的电气设备:会产生短路和电火花,以及发生触电危险。

二、泡沫

1. 作用

(1) 隔绝空气:由于泡沫的相对密度远比可燃液体小,因而能浮于燃烧液体表面,形成泡沫覆盖层,隔绝空气,使火窒息。

(2)阻止热辐射:由于泡沫覆盖层封闭了燃烧物表面,可以阻止燃烧物可燃气体的蒸发,防止热量向外面辐射。

此外,泡沫受热蒸发的蒸气可吸收燃烧区的热量,降低燃烧区氧气的浓度。泡沫灭火剂适用扑救乙类火和甲类火。

2. 泡沫的分类

(1)化学泡沫:由碱性碳酸氢钠(外药粉)的水溶液和酸性硫酸铝(内药粉)的水溶液加发泡剂组成,经化学反应后生成泡沫。由于灭火效率低,保管和使用方法落后,早在1997年以后就停止使用。

(2)空气泡沫:以发泡剂与水按6∶4比例混合,然后以机械方法掺入一定量的空气而成。泡沫发生倍数为8~15倍,泡沫持久性不少于60分钟。对大面积油火包括汽油火在内,最适宜的灭火剂就是空气泡沫。

3. 使用注意事项

(1)泡沫灭火剂不能和水同时使用,否则泡沫易被冲散或搅动着火液面,难以形成一定厚度的泡沫覆盖层,起不到应有的灭火效果。

(2)泡沫灭火剂对水溶性的易燃液体如甲醇、酒精等,灭火作用不明显,需要加2%皂粉才能收效。

(3)由于泡沫中有水,因此,对未切断电源的电气设备和忌水物品等的火灾,均不宜使用。

三、二氧化碳

二氧化碳(CO_2)是一种无嗅、无色、比空气重的较稳定气体,本身不燃烧、不助燃、不导电、没有腐蚀性,可长期保存,一般都加压以液态储存于钢瓶内。

1. 作用

(1)冷却可燃物质:二氧化碳从钢瓶中喷出时迅速汽化,汽化温度-78.5℃,吸收周围空气中大量的热量,使燃烧物的温度迅速降至燃点以下。

(2)稀释空气中的含氧量:1千克液态的二氧化碳汽化时体积可扩大450倍,从而可以冲淡燃烧区的含氧量,当二氧化碳在空气中浓度达到30%以上时,绝大多数的燃烧在30~40秒内都会停止。

二氧化碳可以扑救电器、精密仪器、文件、油类等物的燃烧。扑救后不留痕迹,没有腐蚀、损坏作用,而且绝缘性好。

2. 注意事项

(1)防止人员窒息:当空气中二氧化碳含量超过3%时,人会感到呼吸急促;超过5%

时,呼吸困难;超过 10%时,人就会窒息死亡。在施放二氧化碳灭火剂前应发出警告信号,以便人员及时撤离。火扑灭后,救火人员如需进入现场,应彻底通风或戴上防烟面罩。

（2）防止冻伤:使用时禁止喷嘴对人,以免冻伤手眼部位。

（3）不能扑救轻金属火:二氧化碳能与钾、钠、锂、镁、铝等轻金属起化学反应而失去效能。

（4）不能与水或水蒸气同时使用:因为二氧化碳在水中会形成碳酸,降低二氧化碳的灭火效果。

四、1211

1211 是一种卤代烃气体,由于毒性低、腐蚀性小、绝缘性强、化学稳定性好、灭火速度快,灭火效率比二氧化碳高 4~5 倍,因此被广泛应用。

1. 作用

施放后遇热迅速汽化,产生溴离子,并立即与燃烧中产生的氢游离基化合,抑制燃烧的连锁反应,使燃烧中断,达到灭火的目的。

1211 灭火剂适宜扑救可燃液体、可燃气体、电器设备、精密仪器和贵重物品等火灾,且不会在精密仪器和贵重物品上留下痕迹。

2. 注意事项

（1）对甲类火如用 1211 灭火剂扑救,只能起到控制作用,必须辅以水柱浇注,方能彻底灭火。

（2）不适宜扑救轻金属引起的火灾。

五、干粉

干粉是一种固体粉末,无毒,灭火效率与 1211 类同。

1. 作用

（1）分解出不燃气体和粉雾;稀释空气中的氧气和阻碍热辐射。

（2）干粉在火焰中迅速分解,其碱性金属迅速夺取燃烧反应中的活性基,起到抑制燃烧的连锁反应、中止燃烧的作用。

适用于扑救可燃液体、可燃气体、电气设备的火灾。

2. 注意事项

（1）干粉灭火剂不能和泡沫灭火剂同时使用,否则,因为干粉对蛋白泡沫和一般合成泡沫有破坏作用,灭火效果很差。

（2）使用干粉时粉末飞扬,会影响施救人员的呼吸,须加以注意。

（3）扑灭轻金属火，普通干粉没有效果，应采用金属型干粉扑救。

六、砂土

一般火灾初起时，由于面积不大，产生的热量也不多，使用砂土覆盖燃烧物能隔绝空气阻止氧气进入，达到灭火效果。

砂土可扑救小面积油火，尤其对镁粉、铝粉等可燃金属引起的火灾，效果很好。要注意的是，砂土要保持干燥，定期检查，使其处于随时可用状态。

第八章　船舶消防设备

为贯彻消防工作"以防为主、防消结合"的方针,保证在失火时能及时扑救,根据我国渔业船舶检验局所制订的《钢质海船入级与建造规范》的规定,船舶应配备足够数量和效果良好的消防设备。

第一节　船舶消防设备概述

船舶消防设备可分为船用消防用品和固定消防系统两大类。

一、船用消防用品

1. 各种手提式灭火机和推车式灭火机

2. 消防泵

长度在45米以上的船舶应配备一只应急消防泵,作为在船舶所有动力消防泵失去作用后的应急物品。应急消防泵应能满足:出水量为每小时20立方米,能连续工作12小时。能同时带动两根水枪喷水,每根水枪喷出的射程不小于12米。

3. 消防员装备

(1) 防火衣:防止扑救人员被火烧伤。
(2) 头盔:防止头被物体击伤。
(3) 长筒靴和手套:由橡胶或其他绝缘材料制成,防止触电。
(4) 有绝缘手柄的太平斧。
(5) 电池安全灯:照明时间不少于3小时。
(6) 防火绳和救生带:人员在进入火场探火时必须佩戴好救生带,系妥防火绳。
(7) 呼吸器:呼吸器有两种,一种是带有空气管的烟盔或烟罩,其空气管的长度应足够从开敞甲板到机舱的任何部分,而不受妨碍;另一种是储压式呼吸器,这种呼吸器一般在火场中能持续供气30分钟。
防毒面具的作用只能净化空气,因此只能用于空气中含有毒气的地方。由于它不能产生氧气,所以不能用于缺氧或大气中有浓烟的场所,不起代替呼吸器的作用。

4. 其他消防工具

(1) 沙箱:内盛黄沙或浸苏打的锯木屑。

（2）消防水桶：以镀锌铁皮制成，分置于船的前、中、后部。

（3）太平斧、铁钩、铁锹等。

二、固定消防系统

固定消防系统主要由固定灭火系统、自动失火报警系统及探火系统等部分组成。固定灭火系统用于扑灭较大的火灾。

三、国际通岸接头

长度在 55 米以上或具备条件的渔业船舶，应备一只国际通岸接头，以便在船舶失去动力时从岸上或其他船上引水。国际通岸接头是一种大小接头，大头为国际统一规格，小头可接本船的消防栓。国际通岸接头可用于船舶的任何一舷。航行于国际的船舶在驾驶台至少备有一个国际通岸接头。

第二节　灭火机

灭火机是扑救初起小火的有效设备，船上各主要处所都应配备，取用应十分方便。灭火机的种类很多，它们的构造、性能和使用方法各不相同。现将渔业船舶上常用的几种灭火机介绍如下。

一、泡沫灭火机

1. 种类和规格

泡沫灭火机有手提式和推车式两种。手提式泡沫灭火机的容量一般不大于 13.5 升，有 9、10 和 13.5 升三种规格。手提式泡沫灭火机如图 8-1 所示。推车式泡沫灭火机的容量有 65 升和 130 升两种规格。

2. 用途

主要用于扑灭汽油、柴油等油类液体的初起小火。

图 8-1
泡沫灭火机

3. 使用方法

把手提式泡沫灭火机提到离火场 7~8 米处，竖立在地上拔去插销；一手紧握胶管喷嘴并对准燃烧物，另一手打开驱动气瓶的瓶头阀门并向火源靠近，将泡沫均匀地喷射在燃烧物表面；喷射时应对准燃烧物，由高到低，由中间向四周喷射，依次在燃烧表面形成泡沫覆盖层，达到隔离空气、窒息灭火的目的。

4. 使用注意事项

（1）泡沫灭火机在使用前须检查喷嘴是否畅通。

（2）喷射必须一次完成。

5. 性能

10升手提式泡沫灭火机的有效射程5~10米,喷射时间不少于60秒。

6. 保养和检查

（1）泡沫灭火机的有效期为1年,每年应定期检查,重新更换新药。
（2）泡沫灭火机内有大量的水,所以在寒冷季节应加防护外套,防止冻结。

二、二氧化碳灭火机

1. 种类和规格

手提式二氧化碳灭火机是一个钢质圆筒,内装液态二氧化碳。它的头部有保险装置和手柄,并连接短橡皮管和喷射喇叭。按开启方式可分为鸭嘴式和旋转式两种。手提鸭嘴式二氧化碳灭火机如图8-2所示。

图8-2
二氧化碳灭火机

2. 用途

主要用于扑灭电气设备、精密仪器、贵重物品以及某些忌水物质的火灾,也可用来扑灭小范围的油类火。

3. 使用方法

（1）使用旋转式二氧化碳灭火机时应竖直提着或立在地上,不可横放;拉断保险丝,拔掉插销,一手握住喷嘴手柄,喷嘴对准燃烧物;另一手按逆时针方向转动手轮,并转到底,筒中的二氧化碳即喷出。喷出的二氧化碳大部分是气体,但也会因体积膨胀太快,吸收周围大量热量,使小部分液态二氧化碳暂时形成固态（又称干冰）,然后又迅速升华为气体。

（2）鸭嘴式手提二氧化碳灭火机的使用方法和步骤同旋转式基本一样,不同的是鸭嘴式喷射时手捏紧手柄,二氧化碳即可喷出。

4. 使用注意事项

（1）施放时人站在火源上风,距火源约3~4米,不宜过近,以免被喷起的火焰灼伤,也不宜过远而影响灭火效果。
（2）喇叭对准火源根部,左右扫射,迅速推进,防止复燃。
（3）使用时手不能直接握在喇叭根部的金属管上,防止冻伤。
（4）在空气不流动场合,灭火后应注意通风。

5. 性能

有效射程 2 米左右(露天施放时有效射程更小),持续喷射时间约半分钟左右。

6. 保养和检查

(1)有效期为 3 年。

(2)每年定期称重一次,当重量减少 1/10 以上时需充气。

(3)平时应放置在阴凉干燥处。

图 8 - 3　干粉灭火机

三、干粉灭火机

手提式干粉灭火机综合了泡沫和二氧化碳灭火器的优点。在一般情况下不溶化、不分解,没有腐蚀作用,可长期保存。手提式干粉灭火机如图 8 - 3 所示。

1. 用途

适用于扑灭可燃液体、可燃气体及电气设备等火灾。

2. 使用方法

(1)把灭火机提到火场上风 2~3 米处,竖立在地上拔去插销。

(2)一手紧握胶管喷嘴并对准燃烧物,另一手打开驱动气瓶的瓶头阀门并向火源靠近,将干粉喷射在燃烧物表面,干粉受热后迅速分解出不燃气体和粉雾,很快就能将火扑灭。

3. 使用注意事项

(1)尽量在上风处施放。

(2)当扑灭油类火灾时,不能离燃烧液面太近,否则,油火一旦回升可能会灼伤人体。

4. 性能

规格为 3.5 千克的干粉灭火剂的有效射程为 3~5 米,持续喷射时间为 8~10 秒。

5. 保养和检查

(1)有效期 4~5 年。

(2)每年定期检查一次,发现驱动气瓶重量减少 1/10 以上或压力表指针已指向黄色或红色区域时,均需重新充装。

(3)干粉灭火机一经开启,就需重新充装。

(4)注意防潮、防晒。

四、1211 灭火机

1. 种类和规格

船用的国产 1211 灭火机均为轻型,规格有 1 千克、2 千克、5 千克等。

2. 用途

用于扑灭油类、电气设备、精密仪器、贵重物品等火灾,也可用于扑灭可燃气体的火灾。

3. 使用方法

(1) 人站在上风,距火源约 2~3 米,不宜过近。
(2) 拉断保险,拔下插销,手压下安全卡板,即可打开瓶头阀喷出 1211 药剂,松开手后喷射立即停止。

4. 使用注意事项

(1) 扑灭油火时,应对准燃烧液面,且与燃烧液面成较小的角度,来回扫动,迅速推进。
(2) 尽可能在上风施放,筒身不能平放喷射。

5. 性能

1 千克规格的手提式 1211 灭火机的有效射程为 2~3 米,持续喷射时间为 6~8 秒。

6. 保养和检查

(1) 有效期为 3 年。
(2) 每半年检查一次,重量减少 1/10 以上或压力表指针低于绿色区域时,需重新充加。
(3) 注意防潮、防碰撞。

第三节　固定灭火系统

船用固定灭火系统共有九种,渔业船舶一般采用水灭火系统和二氧化碳灭火系统。其中,水灭火系统是每艘渔业船舶必备的消防系统,二氧化碳灭火系统只用于油轮和部分吨位较大的渔业船舶。

一、水灭火系统

水灭火系统,也称消防系统,由消防泵、消防管系、消防栓、消防水带和水枪等组成。

1. 消防泵

消防泵应为独立动力驱动的水泵。舱底泵、卫生泵、压载泵、通用水泵等,如能满足消防泵的有关要求,又不影响舱底水的排送能力均可用作消防泵。消防泵工作时能同时带动两根水枪喷水,每根水枪喷出的水柱高度不小于 12 米。

2. 消防管系

消防管系从机舱向上通至主甲板,自船首到船尾敷设在甲板上,并用支管布置到各层甲板。消防管系除用于清洗甲板和锚链,用作锚链舱的水喷射器外,不应与救火用途之外的其他管路相连接。

3. 消防栓

消防栓应设置在能使消防水带迅速和便于连接的位置,并至少有一股水柱能直接射达航行中船员经常到达的任何部位。在机舱出口附近,每舷应备设一只消防栓。消防栓应由适合连接消防水带的内扣式接头、截止阀和保护盖组成。

4. 消防水带

每根水带的长度不大于 20 米,存放在消防栓或供水接头附近,每根水带应配有一支水枪和必需的接头。

5. 水枪

水枪按标准口径分为 12 毫米、16 毫米、19 毫米三种。

按其喷水形式和作用可分为三种。

(1)直流水枪:只能喷射水柱,水柱的冲击力大,可用来摧打火焰,分割火场,溅出的水花能扩大降温面积,适用于火势大而火场面积小的火灾。

(2)喷雾水枪:喷射水雾和水花,能迅速在大面积火场起降温作用,适用于火势小而火场面积较大的火灾。

(3)喷水、喷雾两用水枪:既能喷射水柱,又能喷射水雾和水花,还能同时喷射水柱和水雾。水雾可在消防人员面前形成水帘,减少热辐射对人的灼伤,便于消防人员接近火源,同时,水柱可以救火。

采用柴油机动力设备的船舶机舱及油轮上除了配置一般的喷水水枪外,还应配置喷水、喷雾两用水枪。

消防水带与水枪应存放在消防栓附近专用的橱箱内,平时不得移作他用。

6. 水灭火系统的检查和保养

(1)水灭火系统每半年检查一次,检查时要做水压试验,检查出水情况、出水时间及喷射距离。在船舶进行年度修理时，要进行液压试验，同时冲洗所有水管，清除污物，如有损坏应及时修理。

（2）消防栓的出口，平时应盖上保护盖，以保护接头的螺纹和防止阻塞。

（3）消防水带使用后，要用清水洗净晾干。消防水带每三个月检查一次，检查时要把水带拆开重卷，使拆痕得以变换。

（4）在冬季或在寒冷地带航行时，应将消防管、消防栓包扎起来。在使用后，应将管中的残留积水放尽，以免冻结。

二、二氧化碳灭火系统

二氧化碳灭火系统由储存液态二氧化碳的钢瓶组、启动装置、操纵系统以及通往各舱室的分配阀与输气管等组成。

为了便于集中控制和操纵使用，以及确保安全，防止一旦系统漏气对船上人员造成伤害，船舶应在甲板上层的单独舱室内设置二氧化碳站。

1. 二氧化碳灭火系统的操纵

二氧化碳操纵站和驾驶室之间要有电话或传话筒联系。施放时，操作人员用人力或启动气缸推动拉杆，以切破钢瓶内的保险膜片，使二氧化碳进入输气管，然后操纵三通阀，把二氧化碳输送至失火的舱室。

2. 注意事项

（1）二氧化碳灭火系统不能装在船员居住舱室内。

（2）二氧化碳在正常大气压时的汽化温度仅为$-78.5℃$，容积空间中的二氧化碳达到一定浓度能使人窒息。施放前，必须要查明舱室内是否有人，确信无人时，才能施放。灭火后须对该舱进行通风，待积存的二氧化碳清除干净后，人员才能进入。

（3）二氧化碳操纵站应保持清洁和良好通风，要有可靠照明和通信设备，室温应保持在$0~45℃$，室内不得存放其他物品，无关人员不得入内。

3. 二氧化碳灭火系统的检查保养

（1）二氧化碳储存钢瓶每两年应检查一次有否漏气。称重检查时，如重量减少 1/10 以上时，应进行充加。

（2）二氧化碳灭火系统管系应每四年进行一次液压试验，平时要保持畅通。

第四节　失火报警系统

船舶上的失火报警设备有手揿式和自动报警器两种。

一、手揿式失火报警器

手揿式失火报警器是一种专用的失火报警设备。在驾驶台上集中设有全船各处的失火部位显示器,船员舱、机舱等处都装有报警按钮,驾驶台、餐室和主要走廊装有警铃。

当遇到火警时,发现火警的人就近揿报警按钮,驾驶台上的失火部位显示器上就显示出按钮的具体舱室位置,同时,船上的警铃响起报警铃声。

二、失火自动报警器

船舶常用的失火自动报警器有测温式自动报警器、测烟式自动报警器两种。

1. 测温式自动报警器

利用设在被保护舱室天花板上的感温器,受到起火后高温的影响时,将电路接通或切断,使指示器上发出可听并能见到的火警信号。这种感温器要求在室温超过74℃时立即工作,室温低于57℃时不应工作,安装在高温场所的感温器,则应在室温大于甲板顶部30℃时立即动作。由于它的线路容易布置,适用于起居住所等处,因此在船上得到广泛应用。

2. 测烟式自动报警器

测烟式自动报警器是由吸烟口、导管、电动抽风机和指示器组成。指示器装在驾驶台上,分别用导管与主要舱室连接,通到舱室的导管管端装有吸烟口,在驾驶台顶上装有电动抽风机。

启用时,抽风机将各舱室中的空气通过导管抽至指示器,如果空气洁净,通过光电管时,光电管反应正常;如果空气中含有燃烧烟气时,光电管被烟雾阻碍,切断电路,这时指示器上相应的指示灯点亮,警铃即发出报警铃声。

第九章　船舶防火与灭火

火灾是一种危害性极大的海损事故。由于渔业船舶舱室狭小,结构复杂,可燃物较多,设备多而集中,施救条件差,一旦发生火灾,如不能及时发现和施救,就会酿成大火,造成重大损失,甚至会发生船毁人亡的恶性事故。因此,平时做好船舶的防火工作就显得非常重要。

第一节　船舶失火的原因和预防

船舶失火的原因很多,但从事故统计的原因分析得知,大部分的船舶火灾是由于人为的疏忽和无视防火安全制度而发生的。渔业船舶最容易失火的场所主要是机舱、厨房、船员住舱等三个地方,其中机舱为最多。因为机舱温度较高,可燃物也较多,在客观上燃烧条件较充分,稍有疏忽就会酿成火灾事故。

一、船舶失火的原因

(1) 没有严格执行防火制度:动用明火时,没有严格执行动火审批制度和现场监护制度,如在进行气割、电焊等,施工前不检查清理现场,施工中无专人看管及备妥消防器材,施工后又未能检查余火等。

(2) 机舱用火措施不当:在机舱等处盲目动用明火(如喷灯)烘烤冻结的油管、过滤器等。

(3) 燃油溅落在热表面:机舱日用燃油柜位置设置不当、油管泄漏或油柜溢油溅落在排气管等散热表面上,引起受热自燃。

(4) 违反安全用电规定:如乱拉乱接电线,乱用取暖工具,使用过粗的保险丝,电线老化、绝缘失效不及时检修,电气设备短路或超负荷等等。

(5) 乱丢未熄灭的烟蒂或躺在床上吸烟。

(6) 明火离人:日常用火管理不严,炉灶使用时使用人擅自离开。

(7) 热源旁乱堆易燃物品:在烟囱旁堆放易燃物品、烘烤救生衣或在排气管上烘烤衣服等引起自燃。

(8) 操作柴油机不当,引起曲轴箱爆炸燃烧。

二、船舶火灾的预防

为了认真贯彻消防工作"以防为主、防消结合"的方针,船员在日常生活和工作中应做到：

（1）重视防火安全教育：明确防火工作的重要性和责任性，制定防火安全措施，明确消防分工部署，定期举行消防训练和演习，定期检查消防设备。

（2）严格用火制度：做好动火审批和现场监护工作，气割、电焊施工时要派专人看管，施工后要检查余火，防止复燃。

（3）加强燃料管理：防止跑、冒、滴、漏，舱底油污水中的污油要及时处理，排气管等灼热表面应用隔热材料妥善包扎。

（4）注意安全用电：经常检查电气设备，电线老化或绝缘失效应及时更换或重新包扎；不准任意接拆电气线路；不要使电灯泡或其他电热器靠近可燃物品，不要用纸质材料做灯罩。

（5）热源旁不要堆放易燃物品，不要在烟囱及排气管附近堆放易燃物品或烘烤衣服等。

（6）不乱丢未熄灭的烟蒂，不要躺在床上吸烟，机舱内严禁吸烟，油轮必须在规定的地方吸烟，不乱堆、乱放油污棉纱头。

（7）谨慎操作、正确使用油炉灶，使用油炉灶时必须有人看管，人员离开时要关好燃油阀门。

（8）不准私自存放易燃、易爆物品，禁止任意燃放烟火和玩弄救生信号弹。

（9）发现违章行为，人人有责制止。

三、船舶进厂大修时的防火工作

船舶在厂内大修时，船员主要是配合船厂工人做好防火安全工作。

（1）船舶进厂大修前应彻底清理船内的易燃物品。

（2）对本船的消防设备进行一次检查清理，该添加、充气的消防设备应及时交有关部门处理。

（3）舱室油漆后严禁马上动用明火，动火前要经通风排除可燃气体后进行测爆，确定无危险后方可进行明火作业，不能用喷灯烤铲油漆。

（4）注意安全用电，不准私自乱接乱拉电线。

（5）做好动火现场的监护工作，明火不准离人，易燃场所没有可靠的防火措施不得动火，动火后应进行彻底检查，以策安全。

第二节 发现失火后的行动

船舶发生火灾，虽然扑救条件要比陆地差，但是，只要船员能掌握各种消防设备的性能和使用方法，平时经常注意检查、维护和保养，使其处于良好和随时可用的状态，一旦发生火灾，只要扑救得当，是可以依靠自己的力量将火灾控制和扑灭的。

船舶灭火时，一般应考虑以下几点：

（1）先控制火情,后消灭火情。

（2）彻底扑灭余火。

（3）如有大量的海水进入船体内,应考虑船舶的浮力,以防沉没。

（4）及时对外正确报告船位。

（5）正确、详细地记录对内、对外的所有通信。

（6）火灾扑灭后,船长要及时清点人数,如有失散应立即查明失踪的时间、地点和有关情况,并采取有效的抢救措施。

一、发现火情的行动

任何船员一旦发现火情,首先应立即高声报警,然后立即利用火场附近的灭火器材进行扑救,力争将初起小火迅速扑灭,设法控制火势蔓延。如果火势已大或扑救困难时,应设法关闭门窗,切断通风,尽可能疏散和转移易燃物。同时向驾驶台报告失火地点、情况和已采取的措施等。

二、驾驶台的行动

驾驶台接到火警报告后,应立即发出救火紧急信号警报,所有船员必须按应变部署的规定和分工,携带消防器材赶赴现场,在船副的指挥下进行扑救。同时,船长应操纵船舶减速并根据风向改变航向,使失火处转至下风,转向时不要转得太急,否则会促使火灾蔓延。发生火警,应及时向上级部门报告。

三、进行有效的扑救指挥工作

船副为现场总指挥,带领全体船员（除值班者外）,一方面组织人员侦察火情,查明起火部位和火灾种类,侦察火情的人员要戴好头盔,穿好防火衣,系好安全带和防火绳,在水枪掩护下低姿势探索前进,并有专人守护,另一方面要指挥人员迅速关闭通风口,隔离火场,控制蔓延,并根据失火部位的情况和火的不同种类,采取适当而有效的行动。

第三节　控制火灾的蔓延

船舶失火后如能及时采取正确措施加以控制,这对以后的灭火工作将起到极其重要的作用。一般控制火灾蔓延的措施有以下几点。

一、控制通风

氧气是燃烧的三要素之一。发生火灾后应立即关闭通往火场的通风口,切断氧气,控制火灾蔓延。当为了清除某些区域的烟雾,有利于灭火人员接近火场进行扑救而需要打开部分通风口时,也只有在查明火情和火势得到控制的情况下才能进行。

二、控制可燃物

失火后应迅速关闭油料的进出阀门,并将火场附近的其他可燃物进行隔离,能搬走的就搬走,不能搬走的则浇以泡沫或冷水。

三、控制热源

用水冷却火场周围的舱壁和甲板,可以防止火焰的传播。火场周围的冷却对进舱灭火人员的安全、防止火势蔓延都十分重要。

四、防止复燃

火灾扑灭后应谨慎地清理现场,彻底扑灭余烬,防止复燃。

第四节　火灾的扑救

一、机舱灭火

机舱内有大量的燃油、润滑油、油污棉纱等可燃物,同时,机舱又是高温场所,油料燃烧时,不但温度高且烟雾极浓,蔓延速度很快,所以机舱一旦发生火灾,就应迅速、果断采取灭火措施,尽量争取将火扑灭在初起阶段,决不可犹豫不决、延误时间,造成火势扩大,增加施救困难。

机舱灭火的方法如下。

(1) 首先应关闭油料的进出阀门和通风系统,切断燃料和空气的来源,隔离可燃物和燃烧物。

(2) 根据现场的具体情况,采取适当的灭火方法。对初起的小火,可使用就近的灭火机进行扑救。如果火势较大,灭火机不能扑灭时,则可使用喷雾水枪进行扑救,扑救时应喷射火源下方。

(3) 利用水枪对可能蔓延的设备、油柜、舱壁等进行冷却。如果压缩空气瓶等受压容器受到威胁时,应立即采取降温、降压措施,以防爆炸。

(4) 如果具备封舱条件的,应通知所有人员撤离机舱,并关闭所有通风系统和门窗,快速放入二氧化碳或 1211 灭火剂,施放速度要快,一般二氧化碳灭火剂应在 2 分钟内放入需要的 85%;1211 灭火剂要求在 20 秒内一次放完。灭火后,要继续封舱一段时间,防止复燃。

二、起居舱灭火

由于起居舱畅通各处,与走廊或楼梯等开口相连,通风管路密布,很容易将烟火与热浪向远处传递,使火灾不易控制。所以,当起居舱发生火灾时,应注意做到以下几点。

（1）迅速关闭门窗、切断通风,防止火势向下风蔓延。尽快冷却四周的舱壁、甲板和其他可燃物,将火势控制在一定的范围内。扑救时切不可无计划地打碎门窗和出入口,防止火势窜出而难以控制。

（2）如火灾发生在关闭的门内,则应先备妥灭火器材,消防水带展开并接上水枪,然后从门底部伸进喷枪,冷却甲板平面,使室内温度下降,再将门稍微打开一点,伸进喷枪冷却室内天花板,使温度进一步下降。

（3）当进舱时机成熟后,再持消防水带低姿前进,冷却周围舱壁及火源,一举将火扑灭。灭火人员要防止火焰自进门处向外窜出,并注意周围环境,防止火焰从窗后或通风管内突然窜出。

（4）由于居住舱内有大量生活用具和可燃物品,增加了扑救的难度,因此居住舱内的火被扑灭后,应防止复燃。凡是燃烧过的地方,应再浇以适量的水,直到肯定不会复燃为止。火势减到微弱时,可停止使用水枪,以免用水量过多发生船舶倾斜,这时可采用水桶来浇灭余火。

（5）塑料装饰板燃烧时要防止中毒,灭火时,应带上空气呼吸器或防毒面具。

三、厨房起火

厨房起火除因操作不当、油温过热起火以外,主要是由于喷油器、油管漏油或泵油时不慎而溢出燃油所致。

（1）首先关闭进油管路的进油阀。

（2）如为锅内油火,应迅速用锅盖将火盖灭。

（3）锅外起火,可采用泡沫、1211或干粉灭火机施放灭火剂,覆盖其燃烧物表面,使其窒息、冷却后熄灭。

（4）若火势比较大,用灭火机无法扑灭时,则应采用水枪喷水扑救。

四、甲板灭火

甲板上失火通常由于在热源旁烘烤或堆积易燃物,引起受热自燃或烟囱火星溅落在可燃物上所致。扑救措施如下。

（1）初起小火时,可迅速将燃烧物抛入水中。

（2）如火势已蔓延,可用消防水枪喷出强有力的水柱扑打摧毁燃烧物的火焰,使其停止燃烧。

（3）甲板火灾,如在加油时溢出而引起燃烧,应立即停止加油。对甲板上的油火,可用黄沙或泡沫加以覆盖。

五、油类火灾的扑救

油类火灾,由于可燃油气的存在,火势蔓延迅速,危害极大,但在起火初期,燃烧仅在油层表面时,如能及时采取灭火行动,便能将火迅速扑灭。在扑灭油类火灾时,应注意以下几点。

（1）对于小面积油类火灾,可使用泡沫灭火机。扑救时将泡沫喷向紧靠火区的任何垂直面上,使泡沫慢慢均匀地流布在燃烧液面上,这样既能避免直接喷射扰动燃烧液面,又能建立一个连续的覆盖层,取得良好的灭火效果;如果附近没有垂直面,可将泡沫顺风摆动扫射。若采用1211灭火机,效果更好。

（2）小面积或燃烧不久的石油起火时,可使用喷雾水枪进行扑救。喷雾水枪散布的小水滴,能迅速吸收石油燃烧表面上的热量,形成很大的冷却面积。用喷雾水枪在燃烧液体表面来回扫射和前移,能把刚燃烧不久的火焰扑灭。

（3）燃烧了一段时间的油类火灾,已不适宜采用水进行扑救。此时,水雾和水花已不易把着火的油液表面冷却到不再释放蒸气的程度,水柱的喷射反而会造成燃烧中的油飞溅或外溢,使火势更加蔓延扩大。

（4）油柜破裂起火燃烧时,可用泡沫灭火机向破损处喷射泡沫,以控制火势。采用泡沫灭火机与喷雾水枪同时扑救时,应注意喷雾水不要破坏泡沫覆盖层。

应急措施

第十章 应 变 部 署

第一节 应变部署的作用与应变部署表编制

一、应变部署的作用

渔船航行、作业环境复杂多变,随时可能发生各种意想不到的事故,使船舶和人身安全受到威胁。为了防止意外产生严重的后果,把损失减到最低程度,船舶必须有一整套应变部署,并使船员熟悉应变信号和掌握应变设备的使用。当船舶一旦发生海事事故,如发生火灾、人员落水、破损进水等事故时,就能迅速、有序、高效地组织海上突发事件的应急反应行动,把所需承担的任务指派给船员,投入抢险工作。在需要弃船求生时,能使全体船员迅速及时脱离难船,规定每个船员应搭乘的艇、筏,以便统一指挥,不因忙乱而误事。因此,应根据本船的人员和设备情况,由驾驶员编制消防、堵漏、人员落水救生应变部署表及应变部署卡。

二、应变部署表的编制

应变部署表是指在船舶上,用图表形式表述的符合《国际海上人命安全公约》(International Convention for Safety of Life at Sea,简称《SOLAS 公约》)要求的船舶遇险时紧急报警信号及全员应变部署。应变部署表的编制原则是人员编排应最有利于应变任务的完成。根据本船各个船员的职务、特长和工作能力,选派最适合于该项工作的船员来担任。关键部位、关键动作派得力人员。根据本船情况,可以一人多职或一职多人。

应变部署表应根据《SOLAS 公约》(1983 年修正案)的要求,写明分配给各船员的任务,包括:

(1)船上水密门、防火门、阀门、流水孔、船舷小窗、天窗和其他类似开口要关闭;

(2)救生艇、筏和其他救生设备的装备;

(3)救生艇、筏的准备工作和降落;

(4)其他救生设备的一般准备工作;

(5)通信设备的用法;

(6)指定处理火灾的消防人员的配备;

(7)指定有关使用消防设备及装置方面的专门任务。

同时,还应指明关键人员受伤后的替换者和维护救生设备处于完好状态的负责人等。

应变部署表应在开航以前由船副编制,船长审定并签署,用主管机关规定的统一表格填写若干份,分别公布在船员经过的地方,如餐厅、驾驶台、生活区走廊等场所。

应变部署卡上主要内容有船名、职务、应急编号、本人所登救生艇(筏)号、各种应变信号及本人在各种应变部署中的岗位和任务。应变部署卡张贴在每个船员床头,并在该船员使用的救生衣上系一张同样的卡片,以便熟悉自己所承担的任务。船员调动时,应将应变部署卡移交给接替船员。

三、应急计划和船员应急职责

《SOLAS公约》将同时包含弃船和消防的应急计划称为应变部署表(muster list),为船舶其他紧急情况而预先制定的行动方案称为应急计划,它们都属于船舶应急预案。落实好应急预案,加强应变演习,使每个船员对应变任务能形成个人的本能,是保证海上人命安全、减少船舶财产和海洋环境污染损害的重要措施。

1. 船舶的紧急情况

大致可分为4类23种。

(1)火灾海损类

主要包括:碰撞、搁浅/触礁、火灾/爆炸、船体破损/进水、严重倾斜、恶劣天气损害、弃船求生。

(2)机损污染类

主要包括:主机失灵、舵机失灵、供电故障、机舱事故、船舶溢油、造成污染的意外排放。

(3)货物损害类

主要包括:货物移位、海难自救抛货、危险货物事故。

(4)人身安全类

主要包括:人员落水、海盗或暴力行动、搜救/救助、进入封闭场所、战区遇险、直升机操作。

我国渔船应急计划按性质可分为救生(包括弃船求生和人员落水救助)、消防、堵漏、防污染、失控、碰撞、制冷剂泄漏等。

2. 船员的应急职责

(1)船长是各类应变(和演习)的总指挥,其替代人是船副,负责通信联络,有权采取一切必要措施进行抢险处置,并可请求公司岸基或第三方援助。

(2)船副是各类应急情况的现场指挥,也是船长的接替人。

(3)应急现场在机舱时,应由轮机长担任现场指挥,并负责保障船舶动力,船副协助指挥。

(4)油污应急时船副、轮机长为现场指挥。

(5)如船长、船副均不在船,则由值班驾驶员全权负责应变指挥。

（6）助理船副在驾驶台，协助船长瞭望，操纵车钟，联络传令和记录等。

（7）管轮按照轮机长的指令负责检查机舱机器设备，带领轮机部抢修设备。

（8）渔捞长（水手长）带领渔捞员（水手）按应变部署的要求，携带抢险设备和器材，迅速到达指定地点集合，并按船副的指令进行抢险任务。

第二节 应变信号和集合地点

一、应变信号

针对各种紧急情况制定的特定应变报警信号，使船员在听到某一应变信号后，能立刻明白发生了什么应急情况，而能迅速地按应变部署的要求投入抢险。

各种应变信号可用警铃或汽笛施放，还可辅以有线广播。所有这些信号均由驾驶台操纵和施放。

我国的应变信号统一规定，如表 10-1 所示。

表 10-1 应变信号表

意　义	鸣　放　方　法
救生（弃船）	七短声一长声（·······—），用汽笛或警报器连续鸣放一分钟
进水（堵漏）	二长声一短声（——·），用汽笛或警报器连续鸣放一分钟
人员落水	三长声（———）
人自左舷落水	三长二短声（———··）
人自右舷落水	三长一短声（———·）
救火（消防）	乱钟或连续鸣放短声汽笛一分钟，以后再以短声次数表示火灾发生地点
表示在船前部	一短声（·）
表示在船中部	二短声（··）
表示在船后部	三短声（···）
表示在机舱	四短声（····）
表示在上层建筑	五短声（·····）
水域污染（溢油）	一短二长一短（·——·）
解除警报	一长声（—）（持续 4~6 秒）或以口令宣布

注：《SOLAS 公约》还规定，七个或七个以上的短声继以一长声为通用紧急报警信号。

二、集合地点

1. 集合地点的选择

《SOLAS 公约》对集合地点的规定，主要是供弃船时使用。

（1）设在容易从起居场所和工作场所到达的地方；

（2）靠近救生艇、筏的登乘点；

（3）能够容纳指定在该地点的所有人员；

（4）通往集合与登乘地点的通道,梯道和出口应有至少 3 小时的应急照明;

（5）从脱险通道到集合地点,应有集合地点、应急出口等的引导和方向指示等图标识别符号。

2. 其他紧急情况下集合地点的选择

（1）设在容易从起居场所和工作场所到达的地方;

（2）便于采取应急行动,处理紧急情况;

（3）有较宽敞的场地和足够的照明;

（4）有利于人员的安全。

该集合地点,可在应急计划中明确规定或授权应急总指挥临时确定并通知到全体船员。

第十一章　应急培训、训练和演习

第一节　应急培训与训练

一、应急反应计划的船上培训

1. 培训安排

按照规定,船员的船上培训应满足下列要求:

(1) 船员上船后须进行救生、消防设备的船上训练。

(2) 在装有吊架降落救生艇、筏的船上,在不超过 4 个月的间隔期内,应进行一次该项设备用法的训练。

2. 培训内容

每次授课应讲授船舶救生、消防设备的用法及海上救生须知方面的课程,应包括,但不一定局限于:

(1) 低温保护与体温过低的急救护理。

(2) 在恶劣天气和海况中使用救生设备所必需的专业知识。

(3) 消防设备的操作与使用。

(4) 救生衣和救生服的穿着法。

(5) 气胀式救生筏的操作与使用。

(6) 在指定地点集合;救生艇、筏的登乘,降落和离开。

二、应急训练

应急训练是为了避免预想事故发生,或在事故发生后用最短时间、以最恰当方法控制事故,同时,通过平时的训练,也可不断提高应急技能。船上应急训练的重要性,主要体现在以下几个方面:

(1) 对于应急计划中的应急程序,船员需要在反复的训练和演习中熟练掌握,并最终成为船员的本能。

(2) 具体的应急行动和技术,需要在反复的训练和演习中熟练掌握并不断保持更新。

(3) 应急计划以及应急设备,需要在训练和演习中得到检验和完善。

第二节　应急演习

由于船舶一旦开航,船员与所在的船舶便成为一个单独的整体。船上无论发生任何事情,陆上的有关部门都难以在第一时间进行支援,这就需要船员依靠自己,对突发事件予以处理。在制定了相应的应变部署表之后,为了使船员在发生紧急情况时,能够很好地按照其要求行动,船员就必须在平时进行相应的演习,如消防演习、弃船演习等。只有这样才能在发生紧急情况时,将事件所带来的损失减少到最低点,从而保证船舶的完整和船上人员的安全。

一、演习的要求

(1)演习应尽可能按实际应变情况进行。

(2)每位船员,每月应至少参加1次弃船演习和消防演习。若有25%以上的船员未参加该特定船上的上个月弃船和消防演习,应在该船离港后24小时内举行该两项船员演习。当船舶是第1次投入营运,或经重大修理,或有新船员时,应在开航前举行这些演习。

二、救生、弃船演习

(1)发出救生/弃船应急警报信号,并通过船上广播系统确保全体船员了解弃船演习命令;

(2)船员听到警报后,应在2分钟内到达集合地点,并准备执行应变部署表中的任务;

(3)查看船员的穿着是否合适,是否正确地穿好救生衣;

(4)施放救生艇,做到准确、迅速、熟练,应在5分钟内降到水面;各救生艇应依次轮流使用,每艘救生艇至少在3个月内下水一次并在水上进行操作,使每个船员详细了解其所执行的任务并能熟练地操作,其中包括救生筏操作;

(5)介绍无线电救生设备的使用;

(6)在每次弃船演习时应试验供集合和弃船所用的应急照明系统;

(7)演习结束后,应将每次演习的起止时间、地点、演习内容和情况,如实记入《航海日志》。

三、消防演习

1. 每次消防演习内容

(1)向集合地点报到,并准备执行应变部署表中的任务;

(2)起动消防泵,要求至少使用2支所要求的水枪,以表明该系统处于正常的工作状态;

(3)检查消防员装备和其他人员的救助设备;

（4）检查有关的通信设备；

（5）检查水密门、防火门、防火闸的工作情况。

演习中使用过的设备应立即放回原处并恢复到完好的操作状态；演习中发现的任何故障和缺陷，应尽快予以消除。

2. 消防演习要求

（1）消防演习应按应变部署表中的消防部署进行。

（2）船副任消防演习的现场指挥,负责指挥消防队、隔离队和救护队。

（3）消防演习时,应假想船上某处发生火警,组织船员扑救。所假想的火警性质及发生地点应经常改变,以使船员熟悉各种情况的应变部署及各种消防器材的使用。

（4）固定值班人员应按船长命令行动,确保与外界通信畅通,并使失火部位处于下风。

（5）全体船员必须严肃对待演习,听到警报后,应按照消防部署表的规定,在2分钟内携带指定器具到达指定地点,听从指挥,认真操演。机舱应在5分钟内消防泵出水。

（6）演习评估。消防演习后,由现场指挥进行讲评,并检查和处理现场,还要对器材进行检查和清理,使其恢复至可用状态。必要时,船长可召集全体船员大会,进行总结。

（7）演习结束后,应将每次演习的起止时间、地点、演习内容和情况,如实记入《航海日志》。

除了定期进行以上的训练和演习项目外,渔船还应组织堵漏、油污或人员落水等应急部署内容进行训练演习,使每个船员都了解和熟悉应急部署表中每个应急计划,以及本人在其中的岗位和任务,并掌握每项操作技能。在发生海难事故时,就能做到临危不惧,听从指挥,采取正确措施,化险为夷。

第十二章 应 急 程 序

第一节 应急程序启动后的行动

应急是使海上人命、财产、海上环境摆脱和远离事故、危险,恢复安全状态的活动过程。一旦应急程序启动,应急警报信号拉响,说明已有紧急情况发生,此时,全体船员应急行动时应首先遵循的原则如下。

一、确认警报

船员一听到警报,首先应立即弄清属于何种紧急情况。最好的办法是一边迅速穿着衣服,一边沉着冷静地听清警报,以求确认,切忌没有弄清情况而盲目行动,导致延误宝贵的时间和造成不必要的人身伤害。

二、迅速行动

(1) 当船员确认警报性质后,应立即确认自己的任务。如有疑问,应当核实自身在应变卡中的任务,以免失误。

(2) 听到警报信号后,船员必须在 2 分钟内到达指定的计划地点。所有的警报确认、任务确认、穿着衣服装备、拿取规定器材和到达集合地点,都必须在 2 分钟内完成。任何的拖沓都会丧失最初的抢救时机,导致事态扩大而无法控制,甚至丧失撤离时机。

三、保障人员的安全

1. 首先保障人员安全

船舶在紧急情况下,最优先考虑的是如何保证人员的安全,因此应遵守下列原则:海上对象的应急优先权,依次为人命(船员)——船舶——海洋环境。一切抢救财产的行动,应在不严重危及人身安全的情况下进行。但抢救船舶,往往是保护人身安全的最佳选择,不到万不得已,不应放弃船舶这一最好的海上人员生存场所。无论何种应急情况,应首先保证所有船员的安全。

2. 保护人员安全的行动

(1) 将人员撤离至安全区域;

(2) 伤员救治;

（3）争取外界援助；

（4）决定弃船。经努力而船舶确已无法挽救且将危及人身安全时，船长应报经船舶所有人或经营人同意后弃船（紧急情况除外），弃船时，船长应当检查清点船员人数，确认船员全部离船后最后离船。

四、服从指挥，保持镇静

应急情况复杂多变，需要船长、现场指挥和各队负责人在应急计划的基础上，根据事态发展灵活应对和指挥。服从指挥能使全船人员的应急行动有条不紊、步调一致，形成一个坚强的整体。同时，保持镇静克服恐慌，才能攻坚克难，化险为夷，取得成效。

五、遵循部署，正确行动

应变部署表和应急计划是应急的行动规范。在应急时，应始终以此为基础，并灵活运用在应急培训和演习中获得的知识和技能，实施正确无误的应急行动。对应急中出现的异常情况，应及时报告指挥人员，以便及时评估和调整部署。

第二节　失控与弃船应急程序

一、失控应急程序

当船舶发生异常，失去控制能力，不能按避碰规则的要求进行操纵时，应实施失控应急程序。

船舶失控包括主机故障、舵机失灵、船舶失电等情况。

（1）值班人员遇到船舶失控情况，应立即报告船长、轮机长，并在船长、轮机长未亲自指挥前及时采取相应的应急措施。

（2）按《国际海上避碰规则》的规定，立即显示本船失控信号（白天悬挂两个垂直黑球，夜间显示两盏垂直环照红灯，舷灯和尾灯）。

（3）船长发出船舶失控警报。测定失控时的船位，了解和掌握海区环境，四周相邻船舶的动态，对近距离的他船，用至少五短声警告声号或 VHF 呼叫提醒和警告他船注意，采取避让行动。

（4）船副、渔捞长（水手长）到艏甲板备锚并瞭望。甲板船员迅速进入指定地点，按指令采取行动。

（5）轮机长为现场指挥，组织轮机人员迅速查明故障原因，全力进行抢修。

（6）机电设备发生故障，除非万不得已，主机必须停机，轮机长应向驾驶台报告，以便采取措施完成避让行动或争取时间远离岸地、岛礁、浅滩、航行障碍物等。条件许可时可减速，以便选择合适地点抛锚，避免失控状态，完成抢修工作。

（7）船舶失电时，启动应急发电机组，优先给予通信、导航设备和舵机供电，严密监控船舶动态。

（8）舵机失灵时,轮机长现场指挥机舱人员立即对舵机操纵系统进行检查抢修。船副、管轮及有关甲板部人员进入舵机舱,将舵机转换成应急状态,做好应急操舵准备,并按船长舵令操应急舵。

（9）船长应迅速将本船失控原因、严重程度、抢修措施和修复的可能性等情况向船舶所有人或经营者报告;在港口及附近海域发生失控,应向港口主管部门报告。船舶自行抢修困难或无效时,轮机长应立即报告船长说明情况,船长应请示所有人或经营人安排拖航或其他救助。

（10）故障修复,船舶恢复正常航行时,驾驶员关闭号灯、降下号型,轮机部人员继续监控机电设备运转情况,一切正常后,解除警报。

（11）当值人员应将失控原因、抢修过程及修复时间等详细记入《航海日志》和《轮机日志》。

二、弃船应急程序

船舶发生严重的海损事故后,经全体船员尽一切努力抢救无效,确已无法保全船舶且将危及船上人员生命安全时,船长有权决定弃船并报经船舶所有人或经营人同意或在情况紧急时由船长决定弃船,并向船舶所有人或经营人报告。

（1）船长是弃船紧急情况应急反应的总指挥,负责发布命令。

（2）助理船副根据船长命令发出弃船应急警报信号"七短一长声(· · · · · · · －)",连放一分钟。在船长的授权下发布遇险信息、施放求救信号。

（3）全体船员听到弃船警报后,穿着适量的保暖衣服,穿好救生衣,按应变部署表职责和任务要求携带器材,到达登艇(筏)的位置。

（4）船副为现场指挥,清点人数,组织担任艇(筏)长的人员做好施放救生艇、救生筏的检查、准备工作。

（5）弃船前的准备

各职务船员按应急部署规定执行以下任务:

① 降国旗,施放求救信号;

② 携带船舶证书及重要文件;携带有关海图、《航海日志》《轮机日志》;

③ 携带现金账册、食品、淡水、毛毯等;

④ 渔捞长(水手长)组织甲板人员关闭水密门、窗、舱口、孔道、甲板开口、油舱(油柜)管系阀门,堵塞相关通气孔,防止溢漏;

⑤ 轮机长组织机舱人员关闭主机、辅机和一切正在运转中的设备,关闭油舱速闭阀;

⑥ 指定全球海上遇险与安全系统(global maritime distress and safety system, GMDSS)操作员启动卫星应急示位标,指定两名副艇长各携带一只雷达应答器;

⑦ 两名艇长各携带一只VHF双向无线电话;

⑧ 指定船员在救生艇、筏中操作各自的任务与动作;

（6）放艇前，船长应向艇长布置下列事项：

① 本船遇难地点；

② 发出的遇险求救信号是否有回答；

③ 可能遇救的时间、地点；

④ 驶往最近陆地或交通线的航向、距离及其他有关指示。

（7）弃船的实施

① 做好放艇、筏准备后，由船长下令放艇、筏。放下救生艇或救生筏后，安排船员有秩序地登艇、筏，船长应在确信全船人员都已登艇、筏后，最后一个离船。全体人员登艇、筏后解去首缆，迅速离开难船，在距离难船 200 m 以外集合，保持联络，原地等待救援。

② 离船后，船长对全体船员仍保持有完全的责权，并将弃船紧急情况经过及应急措施详细记录在《航海日志》上。

第三节　火灾、碰撞、堵漏的应急程序

一、火灾的应急程序

在发现船舶失火后，初始灭火行动是关键，有效的初始行动能及时控制火势，避免火势蔓延，为彻底灭火打下基础。

1. 船舶火灾的应急行动

（1）火情发现者应立即采用快捷可行的方式报警，并使用就近灭火器材尽力扑救。

（2）驾驶台接到报警后，立即发出消防应急警报：警铃或短声汽笛（·····
·····），连放一分钟。接着根据船舶着火部位再鸣相应部位的短声。

（3）船长是船舶消防的总指挥，应根据具体情况决定灭火方案，并对是否可能引起爆炸作出判断。

（4）全体船员听到应急警报信号后应立即按应变部署表规定的分工和职责携带规定的消防器材和相关物品迅速赶到现场集合。服从现场指挥的统一调度和作好灭火的一切准备工作。

2. 船舶灭火行动应遵循的顺序

（1）查明火情：船副是现场指挥（若机舱发生火灾，则由轮机长担任现场指挥），应指挥灭火人员尽快查明火源及火灾的性质、火场周围情况，并立即报告船长，以便确定合适的扑救方案、使用适当的灭火剂和正确的扑救方法。

（2）控制火势：在探明火情的基础上可立即展开灭火行动，控制火势，或采取疏散、隔离火场周围的可燃物，喷水降低火场周围的温度，切断电源，关闭通风，封闭门窗等，防止火势蔓延；在使用二氧化碳等大型灭火系统灭火前，确保现场人员全部撤离，然后封闭现场,按现场指挥的命令正确操作和施救。

（3）组织救援：设法及时解救被火灾围困的人员及伤员,并转移至安全地带;

（4）现场检查清理：火灾被基本扑灭之后,应及时清理检查现场(如用二氧化碳灭火机或大型二氧化碳系统灭火后,必须进行通风,待积存的二氧化碳清除干净后才能进入现场),搜查是否存在或可能存在余火和隐蔽的燃烧物,防止死灰复燃。

（5）航行中应调整航向将火场置于下风。

（6）用水灭火,应及时排除积水。

大火彻底扑灭后,应认真查明失火原因,仔细检查船舶过火面积和受损情况,并将船舶灭火的应急行动过程和应急措施详细记录在《航海日志》上。

二、碰撞的应急程序

船舶碰撞事故是海上发生率较高的海事事故。据统计,绝大部分碰撞事故是由人为因素造成的。船舶在航行中发生碰撞,其后果非常严重,船舶可能因此进水甚至沉没,所以在发生碰撞后,应迅速、果断地采取应急行动。

（1）船舶发生碰撞,值班驾驶员应迅速发出应急警报,通知船长和机舱,船舶立即进入应急状态。全体船员听到应急警报信号,应立即按应变部署表规定的分工和职责,携带规定的器材和相关物品迅速赶到现场集合,服从现场指挥的统一调度和做好抢险准备工作。

（2）船长任总指挥,命令船副查明破损部位损坏情况、有无进水、人员伤亡、油污染情况及程度。

（3）若碰撞部位在机舱,轮机长应迅速进入机舱,查明碰撞部位及机器受损情况。

（4）船长立即向船舶所有人或经营人报告事故情况,并根据船舶所处位置向就近港口主管机关报告。

（5）船副在甲板现场指挥,组织甲板人员检查船体破损程度及邻近舱室损害程度。轮机长在机舱现场指挥机舱人员,负责机舱内的损害控制,即对主机、辅机、舵机等机舱设备的损坏做出估计和抢修,及时向船长报告监测结果,以便船长确定施救方案和判断是否需要外援。

（6）当船撞入另一船船体时,应视情况采取慢车顶推等措施减少破洞进水,尽力操船使破洞处于下风舷。

（7）若船体破损进水,应组织排水和堵漏,进水严重应选择适当浅滩抢滩。

（8）碰撞双方应交换有关船名、呼号、船籍港、船舶登记编号、出发港、目的港及货物等情况。船长应向对方船长递交一份《碰撞责任通知书》要求对方船长签字并盖船章,当对方要求本船船长签署同类文件时,仅应明确批注"仅限收讫"类文字。

（9）对方船处于危险状态,在不严重危及本船安全的情况下,应尽力提供援助,包括协助对方船员或协助被撞船舶抢滩。

（10）若情况紧急,船长有权请求第三方援助。如碰撞损坏严重,确属无力抢救时,船长有权宣布弃船。

（11）若碰撞引起火灾或油污染,应按火灾应变部署、船上油污应急计划进行部署处理。

（12）碰撞导致的船体结构损坏、船壳破损、进水等紧急情况按相应的应变计划进行部署。

（13）碰撞导致人员受伤,应立即实施抢救。

（14）值班驾驶员应做好各项抢险的详细记录,保存相关海图。船长负责指导驾驶员谨慎如实地填写《航海日志》。

三、堵漏应急程序

船舶一旦进水,堵漏应急通常分为排水、隔离、堵漏和救护,并应按下列程序和方法应急。

（1）发现船舶漏损进水,应报告船长并立即发出堵漏警报。全体船员听到警报后(除固定值班人员外),应按应变部署表船舶进水应急计划的分工,携带规定堵漏器材,迅速赶赴现场,做好堵漏准备。

（2）船副任现场指挥,率领堵漏和隔离人员,迅速查明堵漏部位、损坏情况和进水量等,立即报告船长确定施救方案,指挥人员投入抢救。

渔捞长(水手长)带领甲板人员测量淡水舱、压载舱、污水舱等的液位。助理管轮等测量油舱液位,测定破洞的位置、大小及进水情况。查找漏损部位的方法包括测量舱(柜)液位、倾听各空气管内有无水声、观察船旁水面有无气泡和漩涡、在舱内听声和目测漏损部位等。

（3）如果出现溢油现象,应立即关闭该油舱(柜)在甲板上的所有开口,包括透水阀,并发出油污应急警报。

（4）船舶发生漏损后,船长应通知机舱,立即采取停车或减速措施,以减少水流和波浪对船体的冲击,若已知漏损部分,应用车舵配合将漏损部位置于下风侧,以减少进水量。

（5）一经发现进水部位,应立即通知机舱排水,同时应紧闭进水舱四周的水密门和隔离阀等,使进水舱与其他舱室隔离,必要时应加固邻近舱壁。

（6）组织人员直接担负堵漏和抢修任务,运用各种堵漏器材,实施行之有效的堵漏措施。船长和船副应根据漏情发展,及时调整部署。

（7）轮机长应使用所有水泵(包括潜水泵)全力排水,并根据情况注入、排出和转移压载水,保持船体平衡。

（8）指派人员定时量水,并派专人不断观察和记录前后吃水和干舷高度变化,估算进水量和排水量之差,判断险情发展和大量进水对船舶稳性及浮力影响。

（9）若进水严重和情况紧急,船长有权请求第三方援助,并尽可能择地抢滩。

（10）船长应指示值班驾驶员做好详细记录,向船舶所有人或经营人和主管机关报告。

第四节　水域污染、制冷剂泄漏的应急程序

一、防污染应急程序

（1）船舶发生污染时，立即报告船长，按船上油污应急计划执行。

（2）船长向船舶所有人或经营人报告。如污染超出船舶的控制范围时，船长向就近港口主管机关报告。

（3）立即停止有关作业，关闭所有阀门。

（4）发出溢油警报"一短二长一短声（·－－·）"，连放一分钟。组织全体船员实施应变部署表中防污染应急反应。

（5）船长任防污染总指挥，根据污染情况组织力量展开防污操作，保持内外通信联系。命令轮机长任现场指挥，船副协助轮机长做好现场指挥工作。组织人员随时测量油位，掌握泄漏情况，查出船体的泄漏部位和原因。

（6）将破漏油舱余油驳入其他油舱，必要时将油转入驳油船或岸上。

（7）调整船舶横倾，减轻泄油。

（8）船舶在加装燃油作业期间，因油舱满溢而发生溢油，应立即通知供油船（设施）停止有关操作，关闭管系上的所有阀门，将破裂管系中的油驳入其他油舱。迅速清除溢油和甲板上的积油，防止其流入水域造成污染。

（9）航行中择地锚泊，远离养殖区、渔区、海滨浴场、自然保护区等区域。

（10）如溢油严重，造成水域污染，不得自行使用化学消油剂，应报告主管机关，联系专业清洁污染的队伍处理。

（11）将事故的经过情况详细地记入《油类记录簿》。如属严重事故，应写出书面事故报告，说明事故发生的时间、地点、损失情况、范围、肇事者、处理经过及措施等。

二、制冷剂泄漏的应急程序

渔船制冷设备使用的制冷剂主要是液氨和氟利昂。由于这两种制冷剂特性不一样，当发生泄漏以后，造成的后果程度也不一样，故应急计划必须按其特性来制定和实施。

1. 液氨泄漏的应急程序

（1）液氨的特性

液氨又称氨气，为无色透明有刺激性臭味的气体，具有毒性。常压下的沸点为 $-33.4℃$，临界温度为 $132.5℃$，临界压力为 $11.48\,MPa$。在常温常压下 1 体积水能溶解 900 体积氨，溶有氨的水溶液称为氨水，呈弱碱性。液氨蒸发时要吸收大量的热，所以氨可作制冷剂，接触液氨可引起严重冻伤。氨气与空气或氧气混合能形成爆鸣性气体，遇明火、高热能引起燃烧爆炸。

（2）液氨的危害

氨挥发性大,刺激性强烈。低浓度氨对黏膜有刺激作用,高浓度氨可造成溶解性组织坏死,可引起死亡。轻度中毒者出现流泪、咽痛、声音嘶哑、咳嗽、咯痰等;中度中毒上述症状加剧,出现呼吸困难;严重者可发生中毒性肺水肿,或有呼吸窘迫综合征,病人剧烈咳嗽、咯大量粉红色泡沫痰、呼吸衰竭、昏迷、休克等。皮肤接触液氨会引起化学性灼伤。液氨溅入眼内可造成严重损害,甚至导致失明。

（3）液氨泄漏的应急程序

① 当发现液氨泄漏,从泄漏处冒出大量的烟雾,周围环境有强烈的刺激性气味;泄漏处的设备、管线发冷,严重结冻时,应立即报告船长和轮机长,并发出制冷剂泄漏的应急警报信号。

② 船长负责应急总指挥,按应变部署表的规定,命令助理船副操纵船舶,将液氨泄漏部位处于下风。轮机长组织现场抢修队伍,船副组织其他人员疏散到上风安全区域,隔离至气体散尽或将泄漏控制住。立即向船舶所有人或经营人报告。

③ 切断火源。

④ 在处理泄漏事故时,应开启排风扇进行通风换气,开启消防水对泄漏部位进行喷淋。

⑤ 在泄漏区严禁使用产生火花的工具,严重时还应禁止使用通信工具。

⑥ 参与抢救的人员佩戴好液氨专用防毒面具及手套进入现场检查原因,并及时向船长报告。

⑦ 查明液氨储罐出口阀门泄漏,应急人员佩戴好液氨专用防毒面具及手套,用消防水进行掩护将阀门关死,如果仍然泄漏就需一直保持喷水,直到泄漏完毕。

⑧ 连接管路泄漏处理,必须先关死液氨储罐出口阀门,再进行连接管路泄漏的处理,如果仍然泄漏就需用消防水进行长期喷水。

⑨ 疏散的人员应逆风撤离,并用湿毛巾、口罩或衣物置于口鼻处。

⑩ 因液氨泄漏致伤人员的急救措施:

• 皮肤接触:立即用水冲洗至少十五分钟。若有灼伤,须就医治疗。

• 眼睛接触:立即提起眼睑,用流动清水或生理盐水冲洗至少十五分钟,须就医治疗。

• 吸入:迅速脱离现场至空气新鲜处,保持呼吸道畅通。呼吸困难时,应给予吸氧;呼吸停止时,立即进行人工呼吸。须即刻就医。

• 食入:误服者立即漱口,并口服稀释的醋或柠檬汁。

2. 氟利昂制冷剂

氟利昂又名氟氯烷,是含有氟和氯的有机化合物,是一种无色、无味、无毒、无腐蚀、不易燃烧、不易爆炸和化学性稳定的气体。由于该气体很容易液化,所以是一种很好的制冷剂。

但这种气体遇到明火,或温度达到400℃以上时,便分解成有毒的氟化氢和氯化氢,并放出有毒的光气,损害人的视神经和面部神经;容积含量过大会发生缺氧窒息。

氟利昂泄漏应急程序如下。

（1）首先要以预防为主，操作人员定期对冷冻机组进行氟利昂的检漏工作。用卤素灯可检测出微量泄漏点，肥皂水可以检测较大的泄漏处。及早发现，及时修复，可以预防突发事故的发生。

（2）一旦发现泄漏，值班人员应立即报告船长和轮机长，并发出制冷剂泄漏的应急警报信号。

（3）船长担任应急总指挥，按应变部署表的规定，命令助理船副操纵船舶，将泄漏部位处于下风。轮机长组织现场抢修队伍，船副组织其他人员疏散到上风安全区域待命。船长向船舶所有人或经营人报告情况。

（4）轮机长任现场指挥，组织有关人员查明原因，切断泄漏源。

（5）氟利昂压缩机发生泄漏，先切断压缩机电源，马上关闭排气阀、吸气阀。

（6）迅速开启机房排风扇，加速扩散。

（7）对于吸入氟利昂的人员，迅速脱离现场至空气新鲜处，保持呼吸畅通。如呼吸困难者，吸氧，如呼吸停止，立即进行人工呼吸，并送医救治。

（8）泄漏事故处理完毕，应将制冷剂泄漏应急过程、应急措施、结果情况详细记录在《航海日志》。

第五节　人员落水和搜救的应急程序

一、人员落水时的应急程序

（1）发现者看到有人员落水，应立即大声呼喊，同时投下就近的救生圈。夜间应抛下自亮灯浮救生圈。

（2）立即停船并向落水者一舷操满舵，摆开船尾，以免船尾和螺旋桨打到落水者。

（3）发出人员落水应急警报信号"三长声（———）"，连放一分钟；

人自左舷落水应急警报信号为"三长二短声（———‥）"；

人自右舷落水应急警报信号为"三长一短声（———·）"。

（4）船长指挥船舶，运用适合当时情况的方法操纵船舶驶近落水者，将船处于落水人员的下风，并命令准备放艇救助。

（5）船员听到人员落水应急警报信号，迅速按人员落水应急部署，穿好救生衣，携带救生器材赶到指定地点。

（6）派专人携带望远镜登高瞭望，不断报告落水者的方向。夜间派专人操纵探照灯协助搜救落水人员，照到落水人员后，始终盯住目标，便于实施救助。

二、救生艇的行动

（1）船副担任现场指挥、救助艇艇长，渔捞长（水手长）为副艇长，实施放艇，有关船员携带救生圈、艇篙等救生器材随艇救人。

（2）从下风方向接近落水人员，并在适当的距离将艇停住，以免撞压落水者。

（3）如果落水者有活动能力，可向其上风抛救生圈、绳子，或伸出艇篙等帮助落水者靠拢救生艇，再救上艇。

（4）若落水者没有活动能力，可用艇篙小心钩住落水者的救生衣或衣服，以使其靠拢救生艇。钩挂落水者衣服时，注意不能用力过大，以免拉脱衣服。

（5）避免碰伤落水者和触及原有伤口。

（6）对被救落水人员作好救治准备。

（7）在《航海日志》上详细记录抢救过程，并向船舶所有人或经营人报告。

第 四 篇

海上急救

第十三章　海上急救概述

第一节　海上急救定义和目的

一、海上急救定义

船员在海上因海难、事故或作业中发生意外受伤或者急症,在未及时得到医疗救助之前,为防止病情恶化而采取的临时紧急医疗措施,称为海上急救。

海上急救可能发生在船上,也可能发生在救生艇、筏上。因此,要求船员都必须学习急救知识,并熟练地掌握各种急救技术,以便对海上发生意外或急症的伤病员进行有效、及时、正确的自救或互救,这对遇险伤病员的病情改善及以后的治疗有极大的帮助。

二、海上急救目的

(1) 维持和抢救伤病员的生命;

(2) 改善病情,减轻伤病员痛苦;

(3) 尽可能防止或减少并发症和后遗症的出现。

第二节　重危伤病员的症状和急救原则

一、重危伤病员的症状

在现场急救中,当病人较多时,应分清病人病情的轻重缓急。首先抢救危急病人,然后再处理较轻的病人,以防止因抢救不及时,使危重病人得不到及时处理而死亡。有以下情况之一者属危重病人。

(1) 神志:昏迷、精神萎靡,全身衰竭者。

(2) 呼吸:浅快、极度缓慢、不规则或停止,发绀明显。

(3) 心律或心率:显著心动过速、过缓,心律不规则或心跳停止。

(4) 血压:显著升高、明显降低或测不出。

(5) 瞳孔:散大或缩小,两侧不等大,对光反射迟钝或消失。

对上述症状的病人,必须及时进行急救,并密切观察心跳、呼吸和血压等生命体征的变化。

二、急救的一般原则

(1) 先确定病人是否有进一步的危险。

（2）沉着镇定,迅速地对最危险和急迫的症状给予紧急处理。

（3）对呼吸衰竭或停止的病人,应清理呼吸道,立即进行人工呼吸。

（4）控制出血。

（5）考虑是否中毒。

（6）对情绪激动、惊恐不安和痛苦的病人要进行安慰,以减轻他们的焦虑。

（7）预防休克。

（8）搬运前,对骨折或有大面积创伤的病人应先作一定的处理。

（9）对神志不清,疑有内伤或可能接受麻醉进行手术的伤病员,均不要给予食物或饮水。

（10）必要时,迅速寻求援助或送往医院。

第三节　船上常用的灭菌和无菌技术

一、船上常用的灭菌方法

灭菌,就是杀灭所有的病原菌(包括细菌芽孢)。船上主要灭菌方法有物理方法和化学方法两种。

1. 物理方法

（1）煮沸灭菌法:适用于耐高温、不怕潮湿的物品,用一般铝锅便可。方法是洗净需要灭菌的物品,将其全部浸没于水中,易损物品用纱布包好,为了避免煮沸时破损,玻璃物品要放入冷水中煮沸,橡胶物品要等水煮沸后再放入,水沸后20分钟即可。如在灭菌中途加入物品,要等第二次水沸后20分钟方可使用。无菌物品放在无菌器皿中,24小时内有效,超过时间需重新灭菌。

（2）蒸笼灭菌法:适用于耐高温而又不宜潮湿的物品,一般的蒸笼都可以使用。方法是把洗净需灭菌的物品用双层纱布包起来,体积不宜过大,放入蒸格但不要挤得太紧,盖上蒸盖,水沸后持续蒸1~2个小时。蒸好后立即取出,放入无菌器皿中保存,一周内有效。

（3）高压灭菌法:这是物理灭菌法中最有效的方法,适用于一般物品(易燃易爆物品不适用此法),可用一般高压锅灭菌。方法为将物品洗净后用布包好,体积不宜过大,放入锅内不宜压得太紧。有盖的物品,应揭开盖子,橡皮盖的可在盖上插一支注射针头,以便排气,防止器皿破裂。这类物品蒸压15磅(1磅=0.453 592千克)压力,蒸45分钟,烤30分钟;橡皮类、搪瓷类和玻璃器皿蒸压15磅压力,蒸20分钟,烤20分钟。

2. 化学方法

利用化学物质与细菌接触引起化学反应,可杀灭细菌。要使化学灭菌剂发挥作用,须严格掌握其浓度和浸泡时间。被浸泡的物品必须清洗干净,以便更好地和药剂接触。浸泡时,物品要完全浸没在溶液池内。

（1）酒精：用70%酒精浸泡清洁器械30分钟。

（2）新洁尔灭：用0.1%的新洁尔灭水溶液浸泡金属、玻璃、橡胶等医疗器械,30分钟可达灭菌目的(加0.5%亚硝酸钠可防金属生锈)。

（3）福尔马林：空间用量为12.5毫升/立方米。密闭房间,等量的福尔马林和水加热熏蒸24小时,可使房间达到灭菌目的。

二、无菌操作

一切器械、物品、空气、工作人员的手,在与伤口接触以前,应尽可能达到无菌,从而避免细菌进入伤口,这就叫无菌操作(也叫无菌技术)。在进行无菌操作时,要用肥皂洗净双手,穿上消毒工作服,并戴帽子和口罩,帽子要遮住头发,口罩要遮住口鼻。

1. 无菌持物钳的使用

（1）钳子必须浸没在无菌浸泡液里,浸泡长度至少三分之二。常用的浸泡液有2%来苏水、70%酒精和0.1%新洁尔灭溶液。盛浸泡液的容器口要大,容器内垫一块纱布。

（2）从容器中取出或放进无菌持物钳时,必须将夹取端并拢朝下。使用时,夹取端不可倒举向上,以防当夹取端再下垂时,污染的溶液往下流而污染夹取端。

（3）无菌持物钳用后即刻放回到浸泡液中,不可在空气中暴露过久。

2. 无菌容器的使用

（1）打开无菌容器盖时,要把盖子的无菌面朝上,放稳妥。取物时,持物钳不可碰容器边缘,取出后的物品不许再放入容器内,容器盖要随时盖上。

（2）使用无菌容器时,避免用手触碰容器的内表面和边缘。

3. 打开无菌包

将无菌包放在清洁之处,顺次捏住无菌包的包角,逐层打开。打开包后,包内用物必须用无菌持物钳夹取。

第四节　人体解剖结构及常用生理指标

一、人体解剖结构

人体由头、颈、躯干和四肢四个部分组成。体表是皮肤,皮肤下面是肌肉和骨骼。在头部和躯干部,由皮肤、肌肉和骨骼组成面颅腔和体腔,内有很多重要的器官。

人体的基本单位是细胞,许多形状相似、功能相同的细胞聚在一起成为组织。

人体由上皮组织、结缔组织、肌肉组织和神经组织组成。几种不同组织结合起来,执行一定的功能,叫作器官。几种器官联合起来,担负身体里某一方面的任务,叫作系统。人体由消化、呼吸、循环、神经、内分泌、泌尿、生殖和运动系统组成。

1. 消化系统

分为消化管和消化腺两部分。消化管是一根连续的管道,从口腔开始经咽、食管、胃、十二指肠、小肠直至肛门。消化腺包括唾液腺、肝、胆囊和胰腺。

2. 呼吸系统

由鼻、咽、喉、气管、支气管和肺等组成。

3. 循环系统

包括血液循环和淋巴循环。

血液循环由心脏、血管和血液组成。血管又分为动脉血管、静脉血管和毛细血管。血液由红细胞、白细胞、血小板和血浆组成。人体血量占体重的 7%~8%,一次失血 10%(400~500 ml),对人体没有明显影响;失血 20%时,可能引起人体活动障碍;失血 30%以上时,如不及时急救,可危及生命。

淋巴循环由淋巴管、淋巴结、淋巴液组成。

4. 神经系统

主要部分是脑和脊髓。脑又分成大脑、小脑、间脑、脑干。延髓是脑干中管理呼吸、心跳和血压的部位(又称生命中枢)。脑和脊髓又发出 12 对脑神经和 31 对脊神经。另外有一些支配内脏、器官、血管和腺体的神经支,称为植物神经。

5. 运动系统

由关节、骨骼和骨髓肌组成。

6. 泌尿系统

由肾脏、输尿管、膀胱和尿道组成。

7. 生殖系统

男子由睾丸、阴茎、阴囊、前列腺、附睾、输精管等组成;女子由子宫、卵巢、输卵管、阴道和外阴组成。

8. 内分泌系统

由内分泌腺组成,包括甲状腺、肾上腺、胰岛、生殖腺等。

二、常用生理指标

正常人的体温、脉搏、呼吸和血压都有一定的生理指标范围,患病后则会发生变化。因此对上述四项内容的测量将有助于对疾病轻、重的估计和治疗。

1. 体温

人体的口腔、腋下和肛门三个部位可测量体温,体温表分为口腔表和肛门表,其区别在于前者头细,后者头粗,体温表的使用方法如表13-1所示。

表 13-1 体温表的使用方法

测量部位	正常体温	测量位置	测量时间	使用对象
口腔	36.5~37.5℃	舌根部、压舌闭嘴	3分钟	神志清楚成人
腋下	比口温低0.5℃	腋下深处	5至10分钟	昏迷者
肛门	比口温高0.5℃	肛表一半插入肛门	3分钟	婴幼儿或昏迷者

2. 脉搏

正常的心脏每收缩和舒张一次,心脏就跳动一次,动脉血管也就搏动一次,正常人的脉搏平静时一般为每分钟60~100次,大部分人在70~80次/分之间。每分钟快于100次者,称为心动过速,慢于60次者称心动过缓。老年人、强体力劳动者和运动员脉率较慢,婴幼儿、剧烈运动或情绪激动时,脉率较快。

3. 呼吸

正常成人的呼吸一般为每分钟16~18次。检查时让病人静卧,观察其胸壁或腹壁起伏,一呼一吸算一次,或者在病人的鼻孔旁放棉花丝,观察棉花丝吹动的情况,或用耳朵贴近病人口鼻处,静听其有无出气声,也可用听诊器或耳朵直接贴在病人胸壁上听呼吸音。比较简易的办法是用手触摸口、鼻处有无气呼出。

4. 血压

血管内血液流动时对管壁产生的压力称为血压。正常人的血压:收缩压在90~130毫米汞柱,舒张压在60~90毫米汞柱。

第十四章　海上常用急救技术

第一节　人工呼吸法

人工呼吸法是急救技术中常用的方法之一,用人工的方法,使空气有节律地进、出肺,提供组织代谢所需的氧气,并排出二氧化碳,这种方法称为人工呼吸法。它是对现场病人出现呼吸衰竭或呼吸停止时最有效、最重要的抢救措施,常用于溺水、触电、窒息、气体中毒、药物中毒以及呼吸肌麻痹等急症。

常用人工呼吸法可分为口对口人工呼吸法、口对鼻人工呼吸法、举臂压胸法、仰卧压胸法和俯卧压背法。这五种方法中以口对口人工呼吸法效果最好。

一、急救前的准备工作

(1) 应将病人置于空气新鲜、流通的场所;
(2) 松解束缚胸部的衣领、衣扣、裤带或胸罩,但要避免使病人受冷;
(3) 清除口鼻内的污物,有活动假牙者要取下;
(4) 用干净的纱布或布片包住病人的舌头并拉直,避免堵塞气道;
(5) 垫高肩部(可用病人的鞋子),使其头部后仰,拉直气道,有利于抢救。

二、人工呼吸操作方法

1. 口对口人工呼吸法

病人取仰卧位,施救者一手拨开病人嘴巴,另一手捏紧鼻孔。施救者深吸气后,将口贴紧病人的口吹气,使病人胸廓出现扩张,然后施救者的口离开,同时松开捏鼻孔的手。由于肺的弹性回缩,病人可被动呼气,如此反复进行,每分钟16至18次。

2. 口对鼻人工呼吸法

在口对口人工呼吸无法进行(如病人牙关紧闭,嘴巴撬不开)时,可采用口对鼻人工呼吸方法。施救者一手捂住病人嘴巴(可拇指分开,其余四指并拢,以食指端对准病人嘴角,沿其嘴的弧度自然弯曲并捂紧嘴),同时深吸气后用口贴住病人鼻子,往鼻孔内吹气,其操作方法同口对口人工呼吸法。如此反复进行,每分钟为16至18次。

3. 举臂压胸法

此法效果仅次于口对口人工呼吸法,而且简便易行。使病人取仰卧位,宜将肩部垫高,使病人头偏向一侧。施救者跪或立于病人头前,两手握住病人两前臂近肘部,将上臂拉直过头,此时病人胸廓被动扩张使空气吸入,然后再屈两臂,将肘部放回胸廓下半部,并压迫其前侧两肘弓,使胸廓缩小,空气呼出。如此反复进行,每分钟16至18次。

4. 仰卧压胸法

病人仰卧,腰背部垫物,使胸部抬高,把病人头转向一侧,两手放平。施救者跪跨在病人大腿两侧,用两手紧贴在病人两侧下胸部,拇指向内,其余四指向外,向胸部上后方压迫,将空气压出肺部,然后放松,使胸部自行弹回,而吸入空气。如此反复按压,每分钟16至18次。

5. 俯卧压背法

适用于溺水者。使病人成俯卧位,腹下垫物,头向下略低,面部转向一侧(防止病人口鼻触地),一臂弯曲垫在头下,另一臂伸直。施救者跪跨病人大腿两侧,将手放在病人背部两侧下方,相当于肩胛下角下方,向下用力压迫与放松,以身体重量向下压迫,然后挺身,以解除压力,使胸廓自行弹回。如此反复进行,每分钟16至18次。

三、人工呼吸时的注意事项

(1)口对口吹气时压力不宜过猛,吹气的时间占呼吸周期的三分之一,吹气时以看到胸廓扩张及听到呼吸音为有效。

(2)对剧毒品中毒的病人不能作口对口或口对鼻人工呼吸。

(3)胸背部损伤明显者,不能作举臂压胸、仰卧压胸、俯卧压背等人工呼吸。

(4)口、鼻部严重外伤者,不能作口对口、口对鼻人工呼吸。

(5)呼吸停止,心脏仍跳动者,人工呼吸需继续下去。船上没有呼吸设备,所以,施救人员可轮换操作。

第二节　心 脏 按 压 术

心脏按压术(又称心脏按摩)是用人为的力量挤压心脏,使骤停的心脏复跳和排血,维护有效的血液循环。心脏按压术可分为胸外心脏按压术和开胸心脏按压术两种。

如心跳骤停的时间不满一分钟,而主要病因不是缺氧,可进行心前区拳击,能使停顿的心室复跳和使心室颤动消除。具体方法是,用拳底多肉部分,在胸骨中段上方偏左2~3厘米处,进行突然地、迅速地拳击(2~3次)。如无效,则立即开始胸外心脏按压术。

一、心脏按压术的作用

按压胸骨下段可间接压迫左、右心腔,使血液排入主、肺动脉。放松时胸骨回复原来位置,胸内负压增加,静脉血回流入心腔,如此反复有节奏地按压,可建立有效的血液循环。

二、心脏按压术的操作方法

（1）病人仰卧在地上或硬板床上，如果卧于软床上，则在病人背下垫一块木板，以加强按压的效果，并调整好施救者与病人之间的高度位置。

（2）按压部位在胸骨的上 2/3 与下 1/3 的交界处。具体寻找有效部位可采用"二指法"，用手指探按到胸骨下端的剑突处（即胸部与腹部交界的地方），再用另一只手的两指（食指和中指并拢）放到剑突处上方，在上方第二指与胸骨相交点的部位即是按压的有效部位。

（3）用一只手的掌根部按住有效部位，另一只手的手掌盖住下面的手掌，并拇指叉开，防止移位。

（4）同时，两肘伸直，用臂肌和腕部力量，有节奏而带冲击式的动作，用力下压，使胸骨下陷 2~4 厘米，然后放松，使胸骨复位，心脏舒张。如此反复进行，按压的频率掌握在每分钟 60 至 100 次之间。按压时，应掌握力度以不伤肋骨、宜重不宜轻的原则。

三、心脏按压时的注意事项

（1）按压部位要找准确，若部位不当，易致危险。如部位过低，易造成损伤腹部脏器或引起胃内物反流；部位过高，可能伤及大血管；按压部位不在中线，则容易造成肋骨骨折。

（2）若在心脏按压的同时进行人工呼吸，一人施救时，二者之比为（15~20）∶2；若二人施救，二者之比为（4~5）∶1。

（3）心肺复苏所需的时间因病而异，如因电击伤所致的心跳、呼吸停止，人工呼吸和心脏按压必须坚持下去，直至病人清醒或出现尸斑为止。

（4）心脏按压的有效标志：可按摸到股动脉、颈动脉搏动；可测出血压；颜面肤色、口唇、指甲色泽转红；瞳孔缩小；胸部出现起伏。

第三节　包　扎　法

用无菌材料包裹伤口，是为了保护伤口，减少污染；临时固定骨折，防止骨折断端活动而造成血管神经的再度受伤；加压包扎可以控制或阻止伤口出血。

包扎伤口最好用无菌敷料，伤口周围作简单的消毒处理。对伤口脱出的内脏、骨端严禁回纳复位，须进行妥善保护性包扎，不使损伤部位的内脏和深部组织受压和感染。敷料要超出伤口边缘 3 厘米，包扎松紧得当，紧急情况下应就地取材。

一、三角巾包扎法

1. 三角巾头部包扎法

三角巾底边折叠约两指宽，放在前眉上，顶角放在脑后，三角巾两侧角经两耳上方到枕外粗隆下面交叉，并压住顶角，两手将三角巾交叉的两侧角经耳上方拎到前额打结，然后将顶角往上翻,反折于交叉处,如图 14-1 所示。

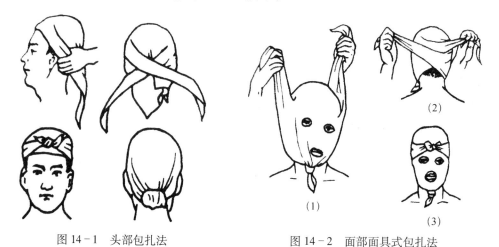

图 14-1　头部包扎法　　　　图 14-2　面部面具式包扎法

2. 三角巾头面部包扎法

将三角巾顶角打一单结套住下颌,罩于头面部,底边拉向枕部,左右角向后拉紧交叉压住底边,再绕到前额打结,包好后根据情况在眼及口处剪小洞,如图 14-2 所示。

3. 三角巾单眼包扎法

三角巾折叠成约四指宽的带形,将其从前额下,斜放于伤侧眼部,下端从耳下、枕外粗隆下放经健侧耳上到前额,压上端绕行,而上端则于交叉处向外翻转拉向健侧耳上打结。

4. 三角巾双眼包扎法

三角巾折成约六指宽的带形,将其中段遮盖双眼,两侧角经耳上拉至枕后,交叉后再绕至前额压住上缘处打结。

5. 三角巾下颌包扎法

将三角巾折叠成约五指宽的带形,将其中部覆盖于下颌,拉两侧角自腮部耳前上行,一侧角经头顶至对侧与另一侧角在耳前交叉,环绕头部一周打结。

6. 三角巾肩部包扎法

将三角巾底边中点放在伤侧腋部,一侧角横过胸部至对侧腋下,顶角向后,用顶角带子于伤侧上臂 1/3 处环绕两周,将三角巾固定,再把下垂的一侧角翻上经过背部,到对侧腋前与另一侧角打结(注意包扎时上肢必须下垂紧贴侧胸部)。

7. 三角巾腹部包扎法

将三角巾底边折叠约五指宽,横放于腹部,两端在腰后打结,顶角系带从两腿间打到后面与两侧角连接。

8. 三角巾胸部包扎法

将三角巾底边折叠约五指宽,顶角通过伤侧肩部垂直于背后,两侧角通过两腋下部到背部打结,再与顶角连接,如图 14-3 所示。

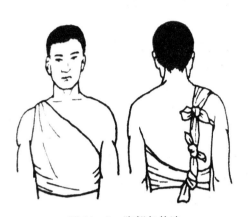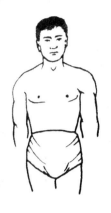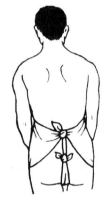

图 14-3 胸部包扎法　　　　　　图 14-4 臀部包扎法

9. 三角巾臀部包扎法

顶角向下臀部放在两腿间,底边朝上,一侧角斜上拉至对侧髂脊外。另一侧角斜下,用顶角系带横绕大腿上端固定,然后下斜侧角上翻,通过侧臀部到对侧髂脊上与另一侧角打结,打结时两下肢必须并拢,如图 14-4 所示。

10. 三角巾单侧腹股沟包扎法

三角巾双折后,将其斜放于伤侧腹股沟处,一侧角横过腹部,另一侧角与伤侧下肢平行,用顶角系带横绕伤侧大腿上 1/3 处固定,再将下侧角上翻,经伤侧髂前上棘处打结。

11. 三角巾膝(肘)关节包扎法

根据伤情将三角巾折叠成适当宽度的带形,将其中部斜放在关节处,再将两侧分别压在上、下两边,环绕一周后打结。

12. 三角巾小腿包扎法

将三角巾折叠成双层,顶角向下,稍斜放于小腿,将两侧角缠绕小腿一周,下侧角斜绕向上,上侧角横绕,两侧角于腓肠肌上端打结。

13. 三角巾手(足)包扎法

指(趾)对向三角巾顶角,平放在三角巾的中部,将顶角折回盖住手(足)背部,两侧角在手(足)背部上交叉,压住底边在腕(踝)关节上面打结。

二、卷轴绷带包扎法

1. 基本绷扎法

（1）环形：环形缠绕，第二圈将第一圈全部盖住。用于绷带绷扎开始与结束时作固定带端，以及包扎额、腕、颈等处。

（2）蛇形：斜向延伸，各圈互不遮盖。用于需迅速绷扎或作简单固定用。

（3）"8"字形：交叉缠绕如"8"字的行径，每周遮盖上圈的三分之一或二分之一。应用于肢体周径不一致的部位或弯曲的关节。

（4）螺旋形：螺旋形缠绕，第二圈遮盖第一圈的三分之一或二分之一。此法用于径周一致的部位，如手指、上臂、大腿、躯干等，如图14-5所示。

（5）螺旋反回法：每圈均向下回折，逐圈斜向上又反折斜向下时，遮盖其下圈的三分之二或二分之一。用于前臂、小腿等部位，如图14-6所示。

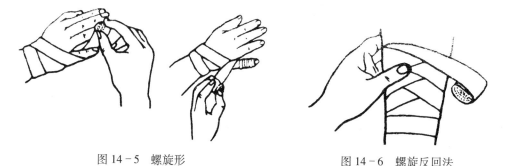

图14-5　螺旋形　　　　　　　　　图14-6　螺旋反回法

（6）回反法：从中间开始，分别向两侧分散的一连串回反包扎。适用包扎没有顶端的部位，如截肢端、头顶部等。

2. 绷带包扎时的注意事项

（1）绷扎部位必须清洁干燥，对皮肤褶皱处，如腋下、乳下、腰肢、腹股沟、股沟等处，可先撒抹滑石粉，并用棉垫或纱布保护。如遇有骨隆突处，也应用棉垫保护。

（2）绷扎时，病人的位置要舒适，抬起患肢，保持功能位。

（3）根据伤口部位，选择宽窄合适的绷带。避免用湿绷带，以免干后收缩而过紧，妨碍血液循环。

（4）绷扎四肢时，应从远心端向近心端（即从四肢的细端往粗端）进行，使绷带平贴包扎部位。操作时要握紧卷带，避免落地受污染。

（5）绷扎时，每圈的压力要均匀、松紧适当，太松容易脱落，过紧则影响血液运行，指（趾）端要露在外面，以便观察患肢血液循环情况。

（6）绷带固定结应放在肢体的外侧面，禁忌固定在伤口敷料上和骨隆处，以及病人坐卧时压着的地方，以免增加痛苦。

（7）解除绷带时,先解开固定结或胶布,然后顺绷带包扎相反方向,以两手互相传递松解。情况紧急时或绷带已被伤口分泌物浸透且干涸时,应用剪刀剪开。

第四节 注 射 法

将无菌药液注入体内称为注射法,分皮内、皮下、肌肉、静脉和穴位等五种注射方法。

一、药液抽吸的方法

1. 从安瓿中吸药

将安瓿尖端的药剂弹至下部,用砂轮锯出痕迹,再用酒精棉球消毒,折断安瓿头,用注射器的针头斜面向下伸至安瓿药剂的底部,进行吸药。

2. 从密封瓶内吸药

除去铝盖的中心部分,用酒精棉球消毒瓶盖,用注射器向瓶内注入与所需药剂等量的空气,倒置药瓶和注射器,使针头在药剂下部抽吸,然后按住针栓,拔出针头。

二、常用注射方法

1. 皮内注射法

将药液注射于表皮与真皮之间,用于各种药物过敏试验及预防接种。皮肤试验时取前臂掌侧中段,因该处皮肤较薄,容易注射,并且此处皮肤颜色较淡,如有反应易于辨认;预防接种则常选择三角肌下缘部位注射。

2. 皮下注射法

凡不宜口服的药物或不能经口服药,可采用皮下注射,以进行治疗。也用作预防接种,如各种疫苗接种等。注射部位,在上臂三角肌下缘外侧。

3. 肌肉注射法

凡不能静脉注射或口服的药物,但需要生效快,可采用肌肉注射。宜选择肌肉较丰富而又无大的神经、血管的部位,如臀部外上四分之一处(即从尾骨尖向左侧或右侧画一横线,并取横线中点画一垂直线,外上四分之一即为注射区)。

4. 静脉注射法

凡不宜口服或肌肉注射的药物或需要迅速产生药效时,可采用静脉注射。注射部位一般采用肘窝部、腕部、手(足)背部、踝部等表浅静脉,小儿常用头皮静脉。方法是:准备好注射器及静脉穿刺针头,选择静脉,在穿刺处上部系紧止血带,用2%碘伏消毒皮肤,再用70%酒精脱碘,嘱咐病人捏拳,使静脉充盈;以左手固定静脉下端,右手持注射器,针尖斜面向上,针尖与皮肤成一较小角度(约20°),先由血管旁刺入皮下,再入静脉或直接刺入静脉,有回血后将止血带松开,嘱咐病人松拳,固定针头,再将药液准确地推入静脉。若局部有隆起现象,则表明针尖已滑出血管,需重新注射。

5. 穴位注射

选择在压痛点或穴位处注射,皮肤常规消毒后,快速刺入,上下缓慢提插,病人有酸、胀、重、麻感觉时,可将药液慢慢注入。

三、注射时的注意事项

(1)要保证无菌操作,防止感染。注射前双手应洗净,注射部位的皮肤应严格消毒,从注射点向外旋转涂擦,其消毒范围直径应在5厘米以上。

(2)仔细检查药液,发现变质,如有药液混浊、沉淀、有效期已过或安瓿有裂痕等现象,皆不能使用。

(3)注射部位要选准,避免注射时损伤神经和血管。不能在发炎、化脓、硬块、疤痕及患皮肤病等部位进针。

(4)注射前,注射器内空气要排尽,以防止空气进入血管形成空气栓塞发生危险,同时也要防止排空气时浪费药液。

(5)注射器应保证完好无裂缝、不漏气,针头要保证无钩、无锈、无弯曲,同时注射器与针头的衔接必须紧密。

(6)进针后,注射药液前,要稍抽动注射器的活塞,检查有无回血。如静脉注射必须见到回血后方可注入药液;而皮下、肌肉注射时发现有回血,应马上拔出针头重新注射,决不可将药液注入血管里去。

(7)熟练掌握技术,做到无痛注射。要分散病人的注意力,取得其合作,使肌肉放松。注射时要做到"二快一慢",即进针和拔针要快,推药液时要慢。

第十五章 常用急救药品及急救箱

第一节 常用急救药品

一、外用药

(1) 碘伏：用于皮肤伤口或皮肤黏膜的消毒。

(2) 红霉素软膏：用于皮肤感染。

(3) 酒精：70%~75%酒精(70%酒精效果最好)用于皮肤及器械消毒。

(4) 双氧水：用于清洗创伤、溃疡等创面，有除臭收敛作用。

(5) 鱼石脂：一种黑色软膏，具有防腐作用。

(6) 冻疮膏：用于治疗冻疮。

(7) 生理盐水：外用，主要用于清洗创面。

二、抗休克药

(1) 肾上腺素注射液（强心针）：用于溺水、窒息、过敏等原因引起的心跳骤停。0.25~1毫克皮下、静脉、心内注射。该药除用于青霉素引起的过敏性休克外，只能由医生或在医生指导下使用。

(2) 阿拉明（间羟胺）：用于心源性、过敏性、中毒性、外伤性等引起的休克。用20~100毫克加在250~500毫升的5%葡萄糖注射液内静脉点滴，根据血压调整滴速。

(3) 多巴胺：可用于各种类型的休克。用20~60毫克加在250~500毫升的5%葡萄糖注射液内静脉点滴。

三、抗心绞痛药

(1) 硝酸甘油片：主要用于心绞痛，也用于胆绞痛、肾绞痛。舌下含服1至2片，2分钟见效，可以缓解绞痛30分钟左右。

(2) 麝香保心丸：用于心绞痛、胸闷。舌下含服，每次1~2粒。

四、镇痛药

(1) 安依痛：镇痛作用较好。常用量每次10~20毫克，皮下或肌肉注射。

(2) 强痛定：用于缓解剧烈疼痛，具有镇痛作用。常用量每次50~100毫克。

五、镇静和抗惊厥药

（1）安定：用于精神紧张、焦虑不安、失眠和肌肉紧张。口服每次 2.5~5 毫克，一日三次。

（2）苯巴比妥：小剂量能镇静，口服每次 30 毫克，一日三次；中剂量催眠，睡前一次口服 60~100 毫克；大剂量抗惊厥，每次 100~200 毫克，肌肉注射。

六、降压药

（1）利血平：治疗高血压。口服每次 0.25~0.5 毫克，胃溃疡病者慎用，1 毫克静脉注射用于高血压危象。

（2）心痛定：用于心绞痛，每次一片，每日三次。

七、止血药

（1）安络血：用于一般外伤造成的毛细血管破裂而引起的各种出血。口服每次 5 毫克，每日三次，或每次 5~10 毫克，肌肉注射。

（2）云南白药：用于各种跌打损伤。出血者用开水调服，淤血肿痛未出血者，用黄酒调服，每次 0.2~0.3 克，每四小时服用一次。

八、解热镇痛药

（1）复方氨基比林：用于发热、头痛、关节痛、神经痛等。口服每次一片。

（2）安乃近：用途与复方氨基比林相似，口服每次 0.5~1 克，每日三次，肌肉注射每次 0.25~0.5 克，年老体弱者酌减。

（3）阿司匹林：用于感冒、发热、头痛、关节痛等。口服每次 0.3~0.6 克，每日三次。

九、解痉药

（1）硫酸阿托品：用于治疗胃、肠、胆、肾等绞痛，有机磷中毒，心动过缓和早期感染性休克。口服每次 0.3~0.6 毫克，每日三次，皮下或静脉注射每次 0.5 毫克。

（2）山莨菪碱：用于治疗胃、肠、胆绞痛，中毒性休克以及眩晕等。口服每次 10 毫克，每日一至二次。

十、抗菌药物

（1）头孢氨苄（先锋四号）：用于上呼吸道感染及其他感染。每日四次，每次 1~2 片。

（2）诺氟沙星：用于细菌性痢疾及肠胃炎。每次口服 0.1 克，每日四次。

十一、防暑中成药

（1）十滴水：用于中暑引起的头晕、恶心、胸闷、腹痛以及胃肠不适等。每瓶 5 毫升，成人一次服半瓶至 1 瓶。

（2）人丹：治疗中暑、晕车和晕船。每次口服 5~10 粒。

（3）避瘟散：用于中暑、头晕、鼻塞、恶心、呕吐、晕车和晕船等。用时以鼻孔吸入，或口服 1~2 份。

（4）清凉油：为常用防暑药。涂擦太阳穴可解头痛，蚊虫叮咬也可涂擦。

十二、常用输液

（1）低分子右旋糖酐：可供出血、脱水、外伤休克时急救之用，是替代血浆的一种较理想的液体。每天可静脉滴注 500~1 000 毫升。

（2）5%碳酸氢钠、11.2%乳酸纳：两种药都用于治疗代谢性酸中毒以及高血钾症。

（3）甘露醇：治疗脑水肿、脑外伤、急性肾功能衰竭。每次用 20%甘露醇 250 毫升静脉注射。

（4）葡萄糖注射液：补充热量及体液，用于失水、休克和酸碱中毒等。剂型有 5%、10%、25%和 50%。

（5）生理盐水：用于补充人体体液和电解质。补充量根据病人脱水情况而定，一般每天可给 1 000~2 000 毫升。

第二节 急 救 箱

船用急救箱的药物配备是根据航程远近、乘员多少和生产性质决定的。急救箱分为大船急救箱和救生艇、筏急救箱两类。大船急救箱以抢救为主，救生艇、筏急救箱以备用为主。

一、渔船急救箱的配备

（1）器械：体温计、压舌板、剪子、镊子、止血带、消毒注射器及针头、手电筒等。

（2）敷料：无菌棉花、绷带、三角巾、消毒纱布、棉垫、胶布、酒精棉球、盐水棉球、别针等。

（3）药品：先锋霉素、苯巴比妥（鲁米那）、安定、普鲁卡因、罗通定、复方氨基比林、咳必清、普鲁苯辛、苯海拉明、晕海宁、阿托品、利血平、感冒片、25%葡萄糖注射液、庆大霉素、紫药水、碘伏、酒精、金霉素眼膏、烫伤膏、防暑成药、双氧水、0.9%生理盐水。

二、救生艇、筏急救箱药品的配备

根据我国《海船救生设备规范》要求，救生艇、筏用急救医药箱的药品，应符合表 15－1 的规定。

表 15-1　救生艇、筏用急救医药箱的药品

序	药品名称	规　　格	单位	数量	备　　注
1	绷带	4.8 cm×600 cm	卷	5	—
2	纱布	34 cm×40 cm	块	10	塑料袋密封包装
3	三角巾绷带	底边 130 cm 腰 90 cm	块	3	—
4	医用胶布	1.2 cm×100 cm	卷	1	橡皮膏布
5	药棉	10 g	包	2	—
6	止血带	55 cm	根	2	乳胶管 $\varphi0.7\sim\varphi1.0$ cm
7	镊子	12 cm	把	1	—
8	绷带剪	10 cm	把	1	圆头
9	别针	3 cm	只	10	—
10	氨溶液	1 ml 含 10%	毫升	10	—
11	酒精	75%	毫升	20	—
12	创可贴	2.5 cm×2.0 cm	张	20	—
13	烫伤膏	20 g	支	2	—
14	四环素眼膏	2.5 g	支	2	—
15	止痛片	—	片	50	阿司匹林
16	杜冷丁	—	片	10	建议配备
17	复方新诺明	0.5 g	片	80	—

三、使用急救箱的注意事项

（1）急救箱应由专人保管，平时应放在通风避光、醒目易取的地方。

（2）箱内药品须经常检查，及时补充和更新，尤其在梅雨季节后，变质药品要及时更换。

（3）急救箱内物品的名称应书写清楚，排列要整齐合理、方便取用。

（4）消毒敷料应保持清洁、干燥。使用时，要避免手与敷料包内部和消毒敷料接触。

（5）使用时，要看清楚药物名称，避免误用。

（6）使用器械前，要进行必要的消毒。

第十六章　海上常见疾病的治疗和急救

第一节　常见疾病的治疗

一、晕厥

一时性脑血流量不足,引起短暂的意识丧失,一般于数分钟内恢复神志,不留后遗症的现象称为晕厥。

1. 常见原因

(1)血管运动障碍性晕厥:包括血管抑制性和直立性低血压引起的晕厥,由血管舒缩反应障碍造成,临床最为常见。在情绪极度悲伤、恐惧时或身体疼痛、抽血时或夜间起床小便时会有发生,在通风不良的环境中作业时间过长、下蹲时间太久也会发生。

(2)低血糖性晕厥:多为空腹时工作时间过长而发生。

(3)脑源性晕厥:包括脑动脉硬化,脑缺血等导致脑供血不足,有高血压的病人易发生。

(4)心源性晕厥:由于心脏疾病,使心排血量减少而引起。如频发早搏、心动过速(每分钟大于 100 次)、心动过缓(每分钟小于 60 次)、先天性心脏病、心肌梗死等。短暂性发作者仅为一时性神志模糊,时间较长者,可出现抽搐、呼吸障碍,甚至呼吸、心跳停止。

2. 临床表现

早期有胸闷、恶心、面色苍白、出冷汗等,随后即跌倒,意识丧失,心率减慢,血压短暂下降。

3. 急救原则

(1)血管运动障碍引起的晕厥:早期只需平卧,头部放低,一般数分钟即可恢复。伴有短暂的意识丧失者要平卧 10 分钟以上,否则容易复发,必要时针刺人中、合谷,以利恢复。对因悲伤、恐惧、抽血等原因造成的,要做好病人的思想工作,给予精神上的安慰。

(2)低血糖性晕厥:可以口服糖水,也可以 25% 葡萄糖或 50% 葡萄糖 60~100 毫升静脉注射。

(3)治疗原发病:如脑源性、心源性、疼痛等引起的晕厥,应针对不同的病因予以治疗。

二、昏迷

昏迷是指生命体征(心跳、呼吸,血压)存在,而意识丧失,对周围环境缺乏反应的精神状态。分为浅昏迷和深昏迷。

浅昏迷:对呼唤或疼痛刺激有反应,乱语、躁动、大小便失禁,各种反射(吞咽、角膜、瞳孔反射)均存在。

深昏迷:病人肢体呈松弛状,心跳、呼吸存在,但各种反射均消失。

1. 发病原因

(1)颅内的:头部损伤、脑血管意外、感染、肿瘤等。

(2)颅外的:大出血引起的休克、心肌梗死、糖尿病酸中毒、肝昏迷、尿毒症、中毒(药物、化学品、食物、有毒气体)、电击、溺水、中暑等均可造成。

昏迷的原因很多,必须向周围的船员详细询问病史,并进行必要的检查。尤其要注意病人的心跳、呼吸、血压的变化。抢救要分秒必争、不失时机。

2. 急救措施

(1)保持足够的通气量:要使病人的呼吸道保持畅通,及时吸痰、吸氧。呼吸停止者即进行人工呼吸,给予呼吸兴奋剂,如可拉明、洛贝林、回苏灵等。

(2)抗休克:如病人已呈休克或将要发生休克,应立即进行治疗,纠正血容量,使用升压药如多巴胺等。

(3)特殊处理:① 有高热用冰袋或酒精擦浴降温。② 脑水肿时,以 20% 甘露醇或 25% 山梨醇 250 毫升静脉注射。③ 惊厥可用安定、鲁米那。

(4)帮助病人勤翻身、防止褥疮,注意口腔卫生、保暖、保持尿液畅通。条件许可要及时送医院进一步抢救和治疗。

三、休克

休克是以微循环血流障碍为特征的急性循环功能不全综合征,可导致组织缺氧、代谢障碍和重要脏器的损害。

1. 休克的原因

(1)神经源性休克:主要由神经或精神因素引起,如创伤、恐怖、疼痛、站立过久、高热、酒精或降压药误用等。

(2)感染性休克:如败血症、脓毒血症、脑膜炎、中毒性痢疾、中毒性肺炎。

(3)低血容量性休克:上消化道出血、肝、脾破裂、大面积烧伤所致的血浆丢失和溶血。

(4)心源性休克:急性心肌炎、心肌梗死、严重的心动过速或心律失常、肺栓塞、晚期心力衰竭。

（5）代谢性休克：尿毒症、糖尿病酸中毒、肾上腺皮质功能减退。

（6）过敏性休克：药物过敏，如青霉素、生物制品产生的过敏。

2. 临床表现

休克早期：皮肤苍白、四肢冰凉、唇紫、烦躁、全身衰弱、尿量减少，血压偏低或正常。

休克晚期：血压明显下降，皮肤呈青灰色，大汗淋漓，心率增快，心音弱，尿少或无尿，反应迟钝甚至昏迷。

3. 急救措施

（1）一般处理：取平卧或稍抬高下肢位（30°），保持呼吸道畅通，吸氧，注意保暖，尽量不搬动病人，保持环境安静。

（2）升压药的运用：如去甲肾上腺素、阿拉明等。

（3）病因治疗：如抗感染、抗过敏、输血、补液。若是精神因素引起的，可给予安定类药物，治疗原发病。

四、流行性感冒（流感）

流感是由流感病毒引起的一种急性呼吸道传染病，主要通过飞沫传播。

1. 临床表现

流感的潜伏期很短，约1~3天，一般分单纯型、肺炎型和中毒型。

（1）单纯型：最多见，可有鼻塞、流涕、发热、畏寒、乏力、全身酸痛等。

（2）肺炎型：高热不退、气急、发绀、咳嗽、咯血等，病程可达3~4周。

（3）中毒型：具有全身血管系统和神经系统的损害，伴有明显的脑炎病变，高热不退、神志昏迷，甚至可发生休克。

2. 处理方法

（1）一般处理：如无并发症，一般不需任何特殊治疗。重点要预防并发症和加强护理。病人要予以隔离、休息、多饮水。

（2）中草药：感冒冲剂（大青叶、板蓝根、草河车、连翘）每日1包，分4次冲服。

（3）退热：阿司匹林1~2片每日三次口服，或安乃近0.5克每日三次口服，或病毒灵0.1~0.2克每日三次口服。

（4）补液：以5%或10%的葡萄糖注射液或0.9%生理盐水，加适量的维生素C静脉点滴。

（5）治疗并发症：有上呼吸道感染的应以四环素0.5克每日4次口服，或以头孢霉素0.25克每日4次口服。有脑炎等应采取综合性的治疗措施。

第二节　常见外伤的治疗

一、电击伤

电流通过人体而引起的全身性和局部性损伤叫电击伤。其严重程度取决于电流的强度和性质。交流电比直流电危险,低频率比高频率危险。电流强度越大,接触时间越长越危险。110~220伏交流电对心脏有很强的破坏作用,电流可以引起肌肉痉挛。故手掌触电常会引起手指屈曲而抓住电线不放,增加了接触时间和危险性。

1. 临床表现

(1)全身:轻度的仅有恶心、心悸、头晕或短暂的意识丧失,严重的可引起电休克、室颤或呼吸、心搏骤停。

(2)局部:主要表现为电烧伤,电烧伤有入口、出口两个伤口,通常入口的损伤较出口重,烧伤的深度一般在Ⅲ度以上。因此,血管壁易受损,从而导致血栓,组织易坏死,造成继发性感染和出血。

2. 急救和预防

(1)立即使病人脱离电源,用不导电的物体如木棒、竹竿等绝缘体将电线拨开或迅速关闭电闸、切断电路。

(2)症状轻的只需稍微休息即可,或给予少量的镇静剂,如安定2.5~5毫克,一次口服。

(3)心跳、呼吸停止,要进行人工呼吸和胸外心脏按压,越早越好。必要时可在心脏按压的同时,给予心内注射肾上腺素、异丙肾上腺素、去甲肾上腺素各0.5~1毫升(三联针),也可给予呼吸兴奋药,如可拉明、洛贝林、回苏灵各1支交替注射。

(4)贯彻预防为主的方针,加强宣传电知识和用电安全,以减少和避免触电事故的发生。

二、烧伤

1. 烧伤的原因很多,常见的有以下四种。

(1)热力烧伤:主要由蒸气、火焰、沸热的开水造成。

(2)化学烧伤:指强酸、强碱、磷及具有腐蚀性的化学药品等。此种烧伤可在体表,也可损伤体内的脏器。

(3)电烧伤:此种烧伤比较严重。

(4)强光烧伤:如强烈的日光。

2. 烧伤面积和深度的估计

（1）烧伤面积的估计方法很多，较简单的方法是以伤者的手指并拢，单手一侧表面积为全身面积的 1% 进行估算。

（2）烧伤深度的估计，一般采用Ⅲ度四分法。

① Ⅰ度：表面发红无水泡，干燥、疼痛、感觉过敏，伤后 3~6 天痊愈，不留瘢痕。

② 浅Ⅱ度：有水泡，基底部色红、湿润、疼痛、感觉过敏，2~3 周痊愈，如无感染，不留瘢痕。

③ 深Ⅱ度：有水泡，基底部白色、干燥、痛觉迟锐，3~4 周痊愈，深Ⅱ度痊愈后留有疤痕。

④ Ⅲ度：皮肤弹性消失，呈皮革样、苍白、炭化或焦黄干燥、感觉消失，3~5 周焦痂自行分离，形成肉芽，需要植皮。

3. 急救原则

目的：消除病因、脱离现场、及时处理、预防感染、防止休克。

（1）根据不同的烧伤原因，给予不同的处理。

① 火焰烧伤：立即脱去着火的衣服，或就地慢慢地打滚，切勿奔跑、呼喊，以免加重烧伤、损伤呼吸道。不要用手扑火，以免烧伤手部，可以跳进就近的水中使火熄灭。

② 开水烫伤：要迅速脱去衣服，用冷水浸没伤处。

③ 化学烧伤：采用中和的方法，如强酸用碱性苏打溶液冲洗，强碱用 0.3% 的硼酸溶液冲洗，磷烧伤用湿布覆盖，情况不明的可用清水冲洗。

（2）呼吸道烧伤、有呼吸困难者，立即用粗针头插入气管以保持呼吸畅通。心跳、呼吸停止的立即做心脏按压或人工呼吸。

（3）外伤出血要先止血再包扎，有骨折的给予简单的固定。

（4）保护创面，以清洁的被单或衣服包扎创面，以防污染。

（5）及时送医院进一步治疗。

三、冻伤

寒冷季节在甲板等场所作业，由于自身保护不当，而使身体的某个部位受到寒冷的侵袭而发生的损伤叫冻伤，易发于四肢暴露部位。

1. 症状

早期皮肤呈鲜红色、青紫色或苍白色，质地坚硬、有刺痛感。严重的可发生组织坏死形成溃疡等，甚至导致休克。

2. 治疗

（1）复温：立即将病人移至有盖的舱内或屋内，以 38~42℃ 的温水浸泡 20 分钟，切忌用火烤,适当饮些热饮料。如呼吸停止应进行人工呼吸,有休克的要抗休克治疗。

(2)小面积冻伤,只需用温暖手抚摩,或涂以冻伤膏即可。

(3)大面积冻伤可用湿毛巾敷盖,然后渐渐加温直到皮肤转红,或将病人的冻伤部位放进同伴的衣服内慢慢复温,此时绝对不能用手抚摩受冻部位,以免加剧冻伤部位的损伤。

(4)如有皮肤破损、溃疡,要妥善处理,防止感染,必要时用抗生素治疗。

3. 预防

(1)适当活动,暴露部位要经常按摩,促进血液循环。

(2)衣、鞋、袜要宽松、干燥、勤洗、保持整洁。

(3)避免与金属物品长时间接触。

四、软组织损伤

在日常生活中由于不慎或意外事故发生,都会造成机体某个部位的损伤。

1. 常见原因

(1)挫伤:由于物体打击造成皮下组织损伤,有时可伤及筋、肌肉。如平时的踢、打、碰撞均可导致局部出现肿、痛、瘀血。

(2)扭伤:关节处由于过伸、过屈或旋转过猛而引起的损伤,导致局部肿胀、压痛、淤血、关节功能受限。

(3)擦伤:最为常见,皮肤被粗糙物体擦过而浅表受伤,局部有渗血。

(4)割伤:被锐利的器物如刀、玻璃等割破,伤口整齐、出血较多。如割伤特殊部位还会伤及神经、肌腱等。

(5)撕裂伤:由于钝性物体作用引起皮肤、皮下组织裂开,伤口不规则、周围组织破坏严重,易感染坏死。

(6)刺伤:被尖、细、长的物品刺入,伤口小而深,易伤及深部组织和器官,易发炎甚至引起破伤风。

2. 处理原则

(1)有伤口及表面伤痕的应就地取材,因地制宜,进行针对性的处理,如一般的轻伤,只需涂碘伏,简单地包扎固定即可。

(2)严密观察病情变化,要注意全身的变化,及时发现异常以免延误病情。

(3)有出血的必须先止血,然后再进行其他处理。

(4)止痛、防止感染。

(5)严重的损伤要及时送医院作清创缝合等治疗。

五、出血和止血

出血分为毛细血管出血、静脉出血、动脉出血三种。毛细血管出血为少量的血液渗出;静脉出血为缓慢流出的,呈暗红色;动脉出血表现为喷射状的,呈鲜红色,出血量较多。人体血液只占体重的 7%~8%,大静脉或动脉出血如不及时止血,后果不堪设想。

1. 止血方法

(1) 一般止血法:小的外伤引起的毛细血管出血或小静脉出血,只需将伤口清洁后盖上无菌敷料,然后予以包扎即可。

(2) 指压止血法:用于动脉出血。用手指压住出血的血管上部,用力压向骨头,把出血的来源阻断,达到暂时止血的目的。

(3) 加压包扎法:有两种方法:① 加压于伤口上面,直接压迫止血;② 在肢体弯曲处间接加压止血。

(4) 止血带止血法:用于肢体出血,适用于其他止血方法无效时,一般用橡皮带、胶带、布条等紧缚于上臂或大腿伤口近端。

2. 注意事项

(1) 首先抬高患肢,使静脉血回流,止血带下方要垫棉花或纱布等,以免损伤血管和神经。

(2) 止血带不宜过紧,也不能太松。

(3) 做好标志,注明开始缚紧止血带的时间。

(4) 每隔一小时要放松一次,直至看到血液流出为止,几秒后再缚紧,否则易造成肢体缺血而坏死。

六、骨折

骨骼系统是人体活动的主要部件,它由 206 块骨头组成,主要分为头骨、躯干骨和四肢骨。骨的完整性和连续性中断即为骨折。

1. 临床表现

(1) 全身症状
① 休克:多见于当脊椎骨、骨盆、股骨发生骨折时,因损伤较多的组织造成出血而引起的现象。
② 发热:一般体温在38℃以内,主要是由于血肿血块在吸收时放出一定的热量所造成。
(2) 局部症状
① 疼痛:骨折端对骨膜及周围组织的刺激引起。
② 淤斑和肿胀:骨折导致软组织出血、组织水肿。

③ 功能障碍：完全性骨折使骨的支持作用完全丧失。

④ 骨折特殊体征：

• 畸形：骨折端移位造成。

• 骨摩擦音：移动或触诊时可听到,但不应有意检查,以免加重损伤。

2. 骨折急救

目的在于防止休克、预防感染,做好临时固定。

（1）凡疑有骨折均应按骨折处理,减少不必要的搬动。疑有脊柱损伤的,一般应就地检查,如要转送须用硬板担架或木板,绝对禁止一人背送,或二人徒手抬送,以免增加脊髓的损伤。

（2）创口包扎,可用消毒纱布或清洁的敷料包扎伤口。开放性骨折合并大出血者应先止血。骨折端已穿破皮肤,不可使之复位,防止加重组织的损伤和将污染物带到伤口深部。

（3）临时固定,不仅可以止痛,预防休克,还便于伤员的搬动,避免在搬动中骨折端损伤更多的周围组织(血管、神经等)。应就地取材,用夹板等对伤员的肢体作固定,如上肢骨折可与躯干固定,下肢某侧骨折可与健侧的肢体固定。固定要包括上、下两个关节。固定物上要垫棉花或衣服等,应置于肢体的后侧与侧方。

第三节　常见急重疾病的急救

一、溺水

淡水和海水的成分不同,渗透压也不一样,但就溺水本身来讲,都是由于水进入呼吸道而引起呼吸道阻塞,产生窒息和缺氧。

对救起的溺水者要确定以下几点。

1. 诊断病因

（1）是否有呼吸。

（2）是否有心跳,方法有：① 可以用耳朵紧贴左胸,听有无心音。② 用手触摸颈动脉、股动脉有无搏动。③ 有无瞳孔散大或不等大,或对光反射消失。

（3）神志是否清醒,意识丧失者预后较差。

2. 急救原则

（1）对有心跳、呼吸病人的处理

① 保暖。除炎热的夏季外,为防止体温散失,可用毛毯、被褥、衣服包住病人的身体。

② 有条件的给予氧气吸入。

③ 嘱病人作深呼吸和咳嗽。

（2）对呼吸、心跳停止病人的处理

① 保持呼吸道畅通。

② 立即进行人工呼吸和胸外心脏按压。如腹腔有水,采用俯卧压背法,如腹腔无水,用口对口人工呼吸法。

③ 尽可能及时送医院进一步抢救和治疗。

3. 复苏后的处理

（1）加强护理,注意保暖,卧床休息 24 小时以上,嘱病人勤翻身。

（2）神志不清者,不给予口服饮料。

（3）禁用酒精饮料,含酒精的药物也不能应用。

（4）意识恢复后,宜给温甜饮料,但一次不能太多,否则会引起呕吐。

（5）防止继发性感染,可用广谱抗生素。

（6）密切观察病情变化,及时采取相应的治疗措施。

二、中暑

中暑是由于高温或日光暴晒引起的疾病。船员在机舱内或在甲板高温环境中工作,如不注意防暑降温,极易发生中暑。一般气温 34℃ 以上即可引起中暑。

1. 临床表现

初起头晕、口干、乏力、食欲减退、胸闷恶心、嗜睡等,继而出现肌肉痉挛,称之为"热痉挛"。开始时小腿腓肠肌痉挛,之后发展到四肢、腹部,甚至膈肌,严重的还可出现"热衰竭"（虚脱型中暑）,病人昏倒、面色苍白、皮肤冷、呼吸急促、神志不清。有的病人体温高达42℃ 以上,面色潮红、皮肤灼热、干燥,甚至血压下降、昏迷等。

2. 中暑急救

（1）在救生艇、筏上的急救
① 将病人移至通风良好的地方静卧,稍抬高头和肩部。
② 放松衣领、裤带,脱掉鞋、袜。
③ 口服盐汽水、薄荷茶、十滴水、人丹等。
④ 少量多次给予饮料。
⑤ 针灸合谷穴、风池穴、足三里穴。
⑥ 体温高的病人,用冷水或冰擦身,使皮肤发红。
（2）对已救上船病人的急救
① 病情轻的同以上处理。
② 病情严重和昏迷时,可用冰水浸浴、冷敷,或用药物,如冬眠灵、非乃更等降温。

③ 纠正水电解质和酸碱不平衡。

④ 抗休克。

⑤ 其他对症处理。

三、急性胃炎

船员如饮食不当,极易发生此病。如与肠炎并发时,称为急性胃肠炎。

1. 发病原因

常因化学品、物理性刺激、细菌或细菌毒素等引起。

2. 临床表现

上腹部不适、疼痛、食欲减退、恶心、呕吐、口渴以及腹泻(伴发肠炎时),严重的可发热、脱水等。

3. 治疗原则

以去除病因、卧床休息、大量饮水为主。

(1)早期应禁食或给予流质饮食。

(2)针灸足三里穴、中腕穴、内关穴。

(3)黄连素 0.1~0.3 克,每日三次口服;或痢特灵 0.1~0.2 克,每日三次口服。

(4)解痉药:阿托品 0.3 毫克或复方颠茄片 1~2 片,每日三次口服止腹痛。呕吐以胃复安 5~10 毫克,每日三次口服。

(5)补液:如呕吐剧烈或有失水者,给予静脉点滴生理盐水和 5~10% 葡萄糖注射液,用量应视病情而定。

四、细菌性食物中毒

细菌性食物中毒,是指由于进食被致病细菌或其毒素污染的食物而引起的中毒性疾病,多发于夏、秋季节,可在集体就餐的人群中暴发流行。船上生活属于集体生活,所以要特别注意预防本病的发生。本病发生后主要表现为急性胃肠炎的症状。临床常见的病原菌有沙门氏菌、变形杆菌、葡萄球菌、肉毒杆菌、嗜盐菌。

1. 临床表现

(1)沙门氏菌食物中毒:潜伏期平均 4~12 小时,短的仅 2 小时,起病急骤,有畏寒发热,体温可达 39℃ 以上,伴有呕吐、腹泻、腹痛,大便每日数次甚至几十次,呈水样便、有臭味。

(2)葡萄球菌食物中毒:致病原为被污染的乳及乳制品以及肉、蛋等。潜伏期为 2~5 小时,起病突然,恶心呕吐、中上腹疼痛和腹泻,尤以呕吐为剧,可呈胆汁性或含血及黏液。

因剧烈的呕吐和腹泻可导致失水。

（3）嗜盐菌食物中毒：发生原因主要是食用被污染的海产品或腌制品（咸肉、咸蛋等）。潜伏期2～20小时,平均为6～10小时,起病急,常有腹痛、腹泻、呕吐、畏寒发热,腹泻3～20余次不等,呈黄水样或黄糊状,一般失水比较严重,少数病人可有中毒症状和血压下降,甚至神志不清。

2. 治疗原则

（1）卧床休息：早期应禁食,但最多不超过24小时,随后多饮糖盐水。

（2）以黄连素0.3克每日三次口服,加复方新诺明二片,每日二次同服。

（3）止痛止吐：可用阿托品0.5毫克,冬眠灵12.5毫克肌肉注射或加入液体中静脉点滴。

（4）补液：有失水者一定要补充足量的液体。

（5）针灸：足三里、中脘、内关等穴位。

（6）密切观察病情变化,必要时送医院治疗。

3. 预防措施

（1）严格管理和检查食品,发现可疑食物一律不食用。

（2）食品操作要注意卫生,炊事用具要生熟分开,肉类食品要煮熟煮透。

（3）罐头食品食用前要经过检查,如发现罐盖膨胀,或有气体逸出、色味变异等现象均不得食用。

（4）海产品、腌腊食物必须煮沸6～10分钟后方可食用,生吃海产品必须彻底洗净再以食醋浸泡五分钟后方可食用。

五、急性阑尾炎

急性阑尾炎是一种最常见的急腹症,约占急腹症的40%～50%。

1. 临床表现

（1）转移性右下腹痛：初起为上腹部或脐周疼痛,类似急性胃肠炎的表现,6～8小时后腹痛转移到右下腹部,呈持续性,如有梗阻等可呈绞痛。

（2）胃肠道症状：恶心、呕吐为仅次于腹痛的常见症状。早期属于神经反射性,晚期属于腹膜炎所致。

（3）发热：早期正常或在38℃左右,当阑尾穿孔、化脓时体温可达39℃以上。

（4）右下腹压痛、反跳痛、腹肌紧张,痛是壁腹膜受到炎症刺激的表现,腹肌紧张是身体防御反射的一种表现。

（5）化验检查白细胞计数增高。

2. 治疗方法

包括非手术治疗和手术治疗。

（1）非手术治疗

① 针灸足三里穴、阑尾穴（足三里下一寸的部位）。

② 抗生素的运用：青霉素 80 万单位，每日 2 次肌肉注射（用前作皮试），或洁霉素 0.6 克每日 2 次，肌肉注射。

③ 早期应予以禁食，可静脉输液。

（2）手术治疗

在非手术治疗的同时，密切观察病情变化，如体温有否下降，腹痛、体征是否减轻等。如果以上均有好转，说明病情得到了控制，可以继续保守治疗。反之，则应及时送医院进行手术治疗。

3. 注意事项

凡急腹症的病人在没有明确诊断以前，不能用止痛药，以免掩盖病情，延误正确的诊断。

六、急性胆囊炎

急性胆囊炎在急腹症中占有相当的比例。

1. 病因

（1）胆囊出口梗阻，急性胆囊炎病例中有胆石症者占 90% 以上，而胆石梗阻胆囊管或胆囊颈者占绝大多数。

（2）胰液向胆道反流，刺激胆囊壁而产生急性胆囊炎。

（3）细菌感染。

2. 临床表现

（1）轻症仅有低热，消化不良及右上腹中度疼痛与压痛，多为在进食油腻食物 3~6 小时后发作，伴有恶心、呕吐。

（2）重者右上腹剧痛、叩痛、压痛明显、局部肌痉挛和反跳痛。

（3）可扪到肿大的胆囊。

（4）右肩胛下区的放射痛。

（5）出现高热、寒战、黄疸时，多为胆总管结石并发胆道炎所致，或为急性化脓性炎症所引起。

3. 辅助检查

（1）白细胞数中度增高是本病的典型表现。

（2）X 线片可助诊断。

4. 治疗原则

（1）一般治疗：卧床休息禁食，可静脉补液（糖、盐、钾）、右上腹热敷等。

（2）止痛。

（3）抗感染：以青霉素 80 万单位，加链霉素 0.5 克每天两次肌肉注射（作皮试）或以头孢霉素、麦迪霉素等口服。还可以用四环素静脉点滴（加在生理盐水或葡萄糖中），如有结石应配以胆通等治疗。

（4）手术治疗：经保守治疗 48 小时，症状体征反趋恶化，白细胞数上升达 20 000 以上应及时手术。

七、急性腰扭伤

腰部急性扭伤，亦称"闪腰"，是船上常见的一种外伤。青壮年多见，治疗不当可转为慢性腰痛。

1. 临床表现

（1）扭伤后腰部不能伸直，僵直于某一体位。

（2）严重者一侧或两侧腰部痉挛、疼痛剧烈、起卧困难。

（3）损伤部位有明显的压痛。

2. 处理方法

（1）扭伤 24 小时以内冷敷，减少出血，减轻疼痛和肿胀，卧床休息 3~6 天。

（2）推拿疗法：

① 按摩腰部：病人俯卧床上，术者以手掌面贴于病人的皮肤上，用腕关节连同前臂做环形而有节律的按摩，从上到下，先健侧后患侧，每分钟 60 次左右，按摩 3 分钟。

② 提拿腰肌：要双手拇指和其余的四指对合用力，提拿腰部肌肉，先上后下，先轻后重，先健侧后患侧，重点放在痛点明显处。

③ 推揉舒筋：以掌根在病人腰部作半环揉压，从上到下，反复 3 分钟，再用手掌根部沿脊柱上下推揉移动，反复做 3 分钟。

④ 点按委中：用拇指点按两膝腘中央委中穴 20~30 次。

上述推拿后再用热水加醋一杯，浇透热毛巾并热敷于腰部 20 分钟。

（3）局部封闭：以 0.25% 奴夫卡因 10 毫升作痛点浸润麻醉，但只能维持 60~90 分钟。

（4）必要时口服去痛片 1~2 片。

八、急性心肌梗死

心肌梗死是冠状动脉急性闭塞导致部分心肌严重持久缺血而发生局部坏死。多发于 40 岁以上既往有高血脂、高血压、糖尿病、冠心病等病史的人群,冬、春季多见。

1. 临床表现

(1) 诱发因素:常在受凉、过度疲劳、饮酒或情绪激动后发作。

(2) 疼痛:突发时胸骨后或心前区压榨样或濒死样剧痛,伴有冷汗、面色苍白、四肢冰冷,时间可达数小时,甚至 1~2 天以上。口含硝酸甘油不能缓解。

(3) 休克:面色苍白、焦虑不安、皮肤湿冷、大汗淋漓、脉细而快、血压下降,甚至晕厥或休克,可加重心肌缺血。

(4) 心力衰竭:有呼吸困难、咳嗽等,甚至发生肺水肿。

(5) 发热:一般在 38~38.5℃。胃肠道症状有恶心呕吐、上腹痛等,多见于发病早期。

(6) 心脏听诊可有心音减弱、心动过速、奔马律等。

(7) 有条件应作心电图检查,可见 ST 段抬高,有助确诊。

2. 紧急处理

目的:减轻疼痛、防治休克、控制心衰。

(1) 绝对卧床休息,有气促心衰的可半卧或采用高枕位。

(2) 低流量吸氧。

(3) 饮食应易消化、低盐、低热量,多吃香蕉等水果,保持大便通畅。

(4) 止痛。

(5) 烦躁不安者,给予安定 10 毫克肌肉注射。

(6) 有室性早搏、室颤的给予利多卡因 50 毫克静脉注射,然后用 400~800 毫克加 10% 葡萄糖 500 毫升静脉点滴。

(7) 抗休克,以多巴胺 20~40 毫克加入 5% 葡萄糖 100 毫升中静脉注射。

(8) 有心衰者可先用速尿 20 毫克加 25% 葡萄糖 20 毫升静脉注射。

(9) 严密观察病情变化,积极治疗各种并发症。

(10) 尽量少搬动病人,送医院时用担架将病人抬上救护车,动作要小心、轻放。

第四节　危险品中毒的急救

一、危险品中毒的急救原则

危险品对人体的危害,一般由误食、吸入、接触三种形式造成。中毒后的急救方法主要有两种:去毒法和解毒法(中和法)。解毒目的是使毒物对人体不发生有毒作用,或将毒性降低到最小的程度。

1. 去毒法

多用于误食性中毒。

（1）催吐：可用压舌板或牙刷柄、筷子等物刺激咽部催吐，或服温水、肥皂水催吐，催吐要反复进行。

（2）洗胃：以 1∶5 000 的高锰酸钾溶液或生理盐水反复灌饮，然后再催吐。

（3）导泻：用 50% 硫酸镁或 5% 硫酸钠 40~60 毫升口服。

（4）利尿：静脉注射 25% 或 50% 的葡萄糖，或 25% 山梨醇加速排尿，以加快毒物的排泄。

2. 解毒法

（1）对黏膜有保护作用的：如蛋清、牛奶等。

（2）对毒物有吸附作用的：可用活性炭洗胃，一般按每克毒物用 10~15 克的比例使用。

（3）对抗和中和作用的：如强酸以弱碱（苏打）中和，强碱以弱酸（乳酸钠）等中和。

3. 急救的一般原则

（1）加强护理，病人卧床休息。保持环境安静，重症应禁食。

（2）排除毒物的方法根据中毒的性质不同而异。吸入性中毒：迅速将病人移至空气新鲜处，保持呼吸道畅通，必要时吸氧和人工呼吸；接触性中毒：除去污染的衣服，用清水冲洗体表、毛发以及指（趾）缝的毒物；误食性中毒：以前述的去毒法、解毒法处理，并针对不同的毒物给予不同的解毒药。

（3）抗休克：要针对不同的休克原因治疗。

（4）呼吸衰竭和停止的治疗：清理呼吸道，保持通畅；吸氧；使用呼吸兴奋剂（可拉明、洛贝林等）；必要时进行人工呼吸。

（5）心力衰竭和心跳停止，应给予强心药抗心衰，心跳停止应进行胸外心脏按压术。

（6）烦躁不安、惊厥者：以安定 10~20 毫克肌肉注射或以苯巴比妥钠 0.1~0.2 克肌肉注射，必要时 4~6 小时重复给药。

（7）维持水和电解质平衡，适当补液；以 5% 碳酸氢钠纠正酸中毒。

（8）预防继发性感染：使用抗生素，如头孢类、洁霉素、四环素等。

（9）剧痛者：给予适量的止痛剂，但有呼吸衰竭者禁用吗啡。

（10）条件许可应及时送医院抢救治疗。

二、硫化氢气体中毒

硫化氢（H_2S）是无色的气体，有臭蛋味，相对密度比空气小，能溶于水。燃点为

292℃,空气中的容积浓度达到4.3%~45.5%能发生爆炸。

硫化氢常为多种生产过程中产生的废气,污染空气。动植物腐败时也能产生,尤其渔船上渔舱中变质的腐败鱼、舱内长期未清除的污水污物等,最易产生硫化氢气体。此外,因硫化氢能溶于水和油类中,所以在清理下水道、污水池、鱼舱污水时,一经搅动,就有大量的硫化氢气体挥发逸出而引发中毒,尤其在高温梅雨季节更易发生。

1. 中毒的表现

（1）急性中毒

① 低浓度时,出现刺激症状,如咽痒、胸部压迫感、剧烈而持久的咳嗽、眼灼热和刺痛,久而久之可出现怕光、眼睑痉挛和流泪。

② 高浓度时,病人在数秒或数分钟后即发生头晕、心悸,进而不安、骚动、惊厥、昏迷,最后可因呼吸麻痹而死亡。最严重的可突发性地摔倒死亡,称"电击样"中毒。

硫化氢对人的危害程度与气体浓度、接触时间有关。一般空气中浓度仅1.5毫克/立方米时即能嗅出臭蛋味,浓度越高臭味越大。但当硫化氢浓度超过10毫克/立方米时,臭味的增强与浓度的升高成反比。因为高浓度时刺激了嗅觉器官,引起嗅觉麻痹,因而不能觉察硫化氢气体的存在,所以不能根据硫化氢的臭味强弱来判断有无中毒的危险性。

（2）慢性中毒

经常在低浓度的环境中工作,可发生眼结膜刺激症状。如结膜充血、角膜混浊等,长期吸入低浓度硫化氢,除出现神经衰弱症状外,还可发生植物神经功能紊乱,如多汗（手掌潮湿）、四肢远端发绀和冷厥等。

2. 急救措施

（1）急性中毒者,应立即转移到空气新鲜处。

（2）吸入氧气。

（3）呼吸停止者,应做人工呼吸。

（4）细胞色素 C 加入葡萄糖中静脉点滴,高渗糖加维生素 C 静脉注射。

（5）10%硫代硫酸钠20~40毫升静脉注射。

（6）防止肺水肿及脑水肿。

（7）慢性中毒的病人应采取综合的治疗方法。

3. 预防

（1）进入各类密闭的舱室和容器,应先进行通风,有条件的可用醋酸铅钠试纸暴露在现场空气中30秒,进行测定,如试纸发黑说明有硫化氢气体存在。

（2）凡去可疑的舱室工作时,在入口处应设专人负责监护,采取及时联系措施,作业人员腰上缚好绳子,以备不测时急用,戴好防毒面具和防护眼镜。

（3）杜绝硫化氢气体的产生,要加强鱼舱等处的管理,经常清扫,污水要经常排放,保持舱室干净、整洁。

三、一氧化碳中毒

1. 发病原因

（1）含碳物质不完全燃烧时及柴油机的废气中均含有大量的一氧化碳。
（2）煤球炉放在室内,晚上忘记灭火或煤气外溢。

2. 临床表现

（1）轻度中毒:有头痛、眩晕、心悸、恶心、呕吐、四肢无力。一般吸入新鲜空气后可立即恢复正常。
（2）中度中毒:除具有轻度中毒的症状外,还出现昏迷或虚脱,皮肤和黏膜呈樱桃红色。及时抢救,吸入新鲜空气和氧气后,亦能较快地恢复神志,数日可康复,一般无后遗症。
（3）重度中毒:发生昏迷可持续数小时,甚至数天,并可伴发脑水肿、肺水肿、心肌损害、高热、凉厥,皮肤黏膜有时不出现樱桃红色,而出现苍白或青紫。一般会留有后遗症。

3. 急救措施

（1）迅速将病人移至空气新鲜处,打开门窗通风。应卧床休息、注意保暖。
（2）吸氧。
（3）呼吸停止者,做人工呼吸,并用呼吸兴奋剂,可拉明、洛贝林各 1 支交替注射。
（4）解除血管痉挛:阿托品 1~3 毫升加入 25% 葡萄糖 20 毫升中静脉注射。
（5）有高热、惊厥,可采用人工冬眠疗法。
（6）尽快送医院。

四、急性苯中毒

1. 中毒表现

轻度中毒表现:先出现兴奋、面部潮红、头晕、胸闷、四肢发麻,继而有恶心、呕吐、醉酒样表现。

严重中毒表现:迅速丧失神志、肌肉痉挛、抽搐、脉搏细速、血压下降、瞳孔放大、呼吸加快或浅而慢,最后导致呼吸衰竭、停止。

2. 急救原则

（1）立即将病人移到空气新鲜处,换去污染的衣帽等,注意保暖。

（2）及时吸氧。

（3）呼吸浅慢或停止时,应用呼吸兴奋剂,同时做人工呼吸。

（4）注意病情变化,防止休克、脑水肿等。

（5）尽快送医院。

第五篇

防止水域污染

第十七章　水域污染的种类及其危害

第一节　船舶对水域的污染

海洋污染即指人类直接或间接地把一些物质或能量引入海洋环境(包括河口),以致于产生损害生物资源,危及人类健康,阻碍包括渔业活动在内的各种海洋活动,破坏海水的使用素质和减少舒适程度的有害影响。

船舶排入海洋的各种有害物质的数量与日俱增,使各国海域和港口水域的环境污染问题日趋严重。其污染源来自许多方面,船舶污染则是其中一个重要因素。由于船舶在油类作业时,跑、冒、滴、漏现象的发生;不按规定排放含油污水、生活污水、垃圾及有毒物质;船舶在重大海难事故中大量溢漏油液等原因,从而造成了海洋污染。

一、海洋污染源

造成海洋污染的物质很多,按不同分类标准可以分为以下几类。

(1)沿海工业污染物的排放:沿海工厂在工业生产过程中,使用的生产设备或生产场所产生的大量废水直接排放入沿海水域,给水域带来污染。

(2)大陆径流:径流带来远离海域的内陆地区的工业废水和肥料、农药等农业污染源,以及河流带来的生活污水、垃圾等污染物。

(3)海上交通活动:船舶正常营运和事故给海洋环境带来的石油及制品、有毒化学品、生活污水、垃圾污染,以及船舶废气、各种防腐涂料对水域的污染。

(4)海上采油或矿物质的流出。

(5)大气中的污染物沉降:海洋上空大气中的污染物质不断地降落到海洋中,是海洋中污染物质的主要来源。

二、船舶污染源

船舶带给海洋的污染物质主要可分为两大类:油污染和非油的有害物质(含油污水、垃圾等)污染。

1. 油污染

船舶对海洋的油污染主要来自油船营运作业中的排油、漏油和海难事故中的跑油,非油船的含油舱底水。

(1)营运作业期间的排油

①压载水:船舶经过长时间的营运作业,消耗了大量燃油,为了确保船舶具有良好的

航海性能,根据不同的气候和航区,必要时要在空油舱内加载一定重量的压载水。这些压载水与残油形成的油性混合物,其含油率可达到 4 000~7 000 mg/L。

② 洗舱水:由于各种原因,如更换不同品种的油类时,为了避免原来油品中存在与更换的油品不相容的物质影响,必须对油舱进行清洗;再有,定期进坞检修或为了清除油舱内积聚的沉淀物时,必须对油舱及燃油容器进行清洗。这些清洗水的含油率可达到 2 000~10 000 mg/L。

③ 舱底含油污水:燃油系统、润滑油系统以及整个动力装置在运转中不可避免的渗漏,检修和更换滤油器时的泄漏等,都混入在舱底水中。这种油污水的含油率可达到 1 000 mg/L。

(2) 事故性溢油

① 航行中船舶因触礁、碰撞、搁浅或失火等意外事故,会造成燃油舱破损溢油。其特点是靠近海岸和港湾,溢油量大,污染危害严重。

② 船舶在加装燃油、润滑油以及船舶内部油舱之间转驳作业过程中,因为跑、冒、滴、漏等原因所产生的溢油。

2. 非油污染

包括有害液体、固体物质、生活污水、货舱舱底水及各种垃圾的污染。

(1) 散装运输有害液体产生大量的舱底污水和清洗水。

(2) 由盥洗水、粪便及其冲洗水、厨房排出水等产生的生活污水。

(3) 来自营运作业中产生的包装材料,船舶维修保养过程中产生的废液(油漆、铁锈、废料及纤维等),以及生活废料和食品包装等垃圾。

第二节　水域污染的危害性

一、油污染的危害性

(1) 损害海洋生态资源,使生物多样性明显降低:海洋污染后,破坏了生物的生存环境或直接使生物受到毒害,从而造成生物的消失或数量减少,特别是一些重要的经济鱼、虾、贝类对海水环境要求很高,对污染十分敏感,且其产卵和育幼场基本都在近岸海域,其受害极为严重。

(2) 直接影响人类健康:人类食用被污染的海洋生物,受到致癌物质的危害而影响身体健康。

(3) 使海洋环境遭受破坏:严重的油污染,还会对海域、港口的交通及局部水文气象带来不良影响。

二、生活污水及垃圾污染的危害性

(1) 传染疾病:生活污水与垃圾中含有很多细菌,其中很多是致病菌,会传播伤寒、痢疾甚至霍乱等疾病。

（2）赤潮频繁发生：由于工业废水和生活污水的排放，使得局部海域的海水富营养化，导致赤潮的产生。赤潮对海洋生物的危害很大，鱼、贝类生物因直接摄食有毒藻类会受到毒害，有毒藻类分解的有毒物质会危害其他海洋生物，海洋生物毒素的大量积聚，会给人类带来危害，甚至发生死亡。

（3）生活污水及垃圾的大量排放，还会使水质变坏发臭，影响水域环境和港口航道卫生。

海洋污染的特点是持续性强，扩散范围广，对人类危害严重。

第十八章　防止水域污染的规定

第一节　"73/78防污公约"对防止水域污染的规定

国际海事组织（IMO）于1973年10月在伦敦召开国际海洋污染会议,签订了《1973年国际防止船舶造成污染公约》;1978年2月,国际油轮安全和防污染会议又签订了上述公约的议定书,对公约的有关条款和附则进行了修订和补充,并于1983年10月2日起生效（简称MARPOL73/78）。公约通过控制船舶及设备状态和人员操作,防止船舶污染海洋环境。国际海事组织及其海洋环境委员会（Maritime Environment Protection Committee, MEPC）于1990年起相继对公约附则内容进行了修正,公约有关内容同样适用于渔业船舶。

公约内容有:防止油污规则（附则Ⅰ）,防止散装有毒液体物质污染规则（附则Ⅱ）,防止海运包装形式有害物质污染规则（附则Ⅲ）,防止船舶生活污水污染规则（附则Ⅳ）,防止船舶垃圾污染规则（附则Ⅴ）,防止船舶造成大气污染规则（附则Ⅵ）等。

渔业船舶船员应重点掌握附则Ⅰ、附则Ⅱ、附则Ⅳ和附则Ⅴ的有关内容。该条约和议定书规定的主要内容如下。

一、附则Ⅰ——防止油污规则

本规则对油轮及其他船舶的检验提出了严格要求,凡150总吨及以上的油轮、400总吨及以上的非油轮,必须按规定进行初次检验、定期检验、期间检验和年度检验（或不定期检验）。经检验合格发给一张《国际防止油污证书》,证书有效期由主管机关规定,自签发之日起不得超过5年。

船舶在下列情况下证书自行失效:① 未经主管机关许可,对设备结构、系统、附件、布置或材料作重大改变。② 未进行期间检验。③ 船舶变更船旗国（缔约国间允许3个月内申请换领新证）。

1. 对排油的控制

所有适用规则的船舶除非符合下列条件,不得将油类或油性混合物排放入海:
（1）对于油轮（机器处所除外）
① 不在特殊区域内。
② 距最近陆地50海里以上。
③ 正在途中航行。

④ 油量瞬间排放率不超过 30 升/海里。

⑤ 排入海中的总油量,不得超过该项残油所属该种货油总量的 1/30 000。

⑥ 所设的排油监控系统和污油水舱设施,正在运转。

(2) 对于 400 总吨及以上的非油轮舱底,从油轮机器处所(不包括货油泵舱)舱底(不得混有货油残余物)的排放:

① 船舶不在特殊区域内。

② 船舶距最近陆地 12 海里以上。

③ 船舶正在途中航行。

④ 未经稀释的排出物的含油量不超过 15 mg/L。

⑤ 附则要求的船上滤油设备正在运转。

(3) 对于小于 400 总吨的非油轮,在特殊区域外时,应将残油留存船上并排至接收装置,或按上述(2)的要求排放入海。

(4) 在特殊区域内的排油控制

任何油轮和 400 总吨及其以上的非油轮,在特殊区域内时,禁止将油类及油性混合物排放入海。小于 400 总吨的非油轮,当其在特殊区域内时,除非未经稀释的这种排出物含油量不超过 15 mg/L,否则禁止将任何油类或油性混合物排放入海。

本附则的特殊区域指地中海区域、波罗的海区域、黑海区域、红海区域、"海湾"区域、亚丁湾区域、南极区域和西北欧水域。

2. 防止油污染的设备要求

(1) 凡 400 总吨及以上但小于 10 000 总吨的任何船舶,应装有规定的滤油设备。该设备的设计应经主管机关批准,而且应保证通过该系统排放入海的油性混合物的含油量不得超过 15 mg/L。

(2) 凡 10 000 总吨及以上的任何船舶,应装有滤油设备和当排出物的含油量超过 15 mg/L 时能发生报警并自动停止油性混合物排放的装置。

二、附则 II——防止散装有毒液体物质污染规则

本规则依据有毒液体物质排入海洋后,可能对海洋环境造成污染的程度,分为 X 类、Y 类、Z 类和其他物质四类。

(1) X 类有毒液体物质,将会对海洋资源或人类健康造成严重危害,要严禁将此类物质排入海洋环境;Y 类有毒液体物质,会对海洋资源或人类健康造成危害,或对舒适性和其他合法利用海洋的活动造成损害;Z 类有毒液体物质,对海洋资源或人类健康会造成较小的危害。应限制 Y 类、Z 类有毒液体物质排入海洋环境的质量。

(2) 其他有毒液体物质(不属于 X 类、Y 类或 Z 类的物质),如果从洗舱和排放压载水作业中排入海中,似乎不会对海洋资源或人类健康造成危害,或不会对舒适性和其他合法

利用海洋活动造成损害。

上述四类有毒液体物质或含有这些物质的压载水、洗舱水,或其残余物、混合物禁止排放。但满足下列条件(特殊海域除外)时,可以排放。

① 船舶在航行途中,自航船航速≥7 节,非自航船航速≥4 节。

② 排放是在水线以下通过水下排放口,其最大的排放率不超过设计功率。

③ 距最近陆地≥12 海里,水深≥25 米处。

《国际防止散装运输有毒液体物质污染证书》的有效期最长不超过 5 年。

三、附则Ⅳ——防止船舶生活污水污染规则

本附则适用于 200 总吨及以上的新船,小于 200 总吨且核定可载运 10 人以上的新船。现有船舶于本附则生效 10 年后适用。

生活污水指:任何形式的厕所、小便池及厕所排水孔的排出物和其他废弃物;医务室(药房、病房等)的面盆、洗澡盆和这些处所排水孔的排出物;装有活的动物的处所的排出物;混有上述排出物的其他废水。

船舶生活污水处理装置和设施,须经主管机关或其授权的任何组织或个人或另一缔约国政府检验和发证。船、岸均应设有船舶生活污水标准排放接头。

禁止船舶将生活污水排放入海,但下列三种情况除外:

(1) 船舶距最近陆地 4 海里以外,使用经主管机关认可的设备,排放经打碎和消毒的生活污水,或在距最近陆地 12 海里以外排放未经打碎和消毒的污水。但不论哪种情况,都不允许将污水舱(柜)中的污水顷刻排光,应在航速不小于 4 节的航行过程中,以中等速率进行排放,且排放率应经主管机关批准。

(2) 船上装有经主管机关认可的生活污水处理装置并正常运转。同时该设备的试验结果已写入该船的《国际防止生活污水污染证书》,并且排出的这种废液在其周围的水中不应产生可见的漂浮固体,也不应使水变色。

(3) 船舶在外国水域时,可按照该国施行的较宽的要求排放生活污水。

若生活污水与具有不同排放要求的废弃物或废水混在一起时,则应适用其中较为严格的要求。

四、附则Ⅴ——防止船舶垃圾污染规则

船舶垃圾是指产生于船舶营运期间并要不断地或定期地予以处理排放的各种食品、日常用品和工作用品的废弃物(不包括鲜鱼及其各部分)。垃圾共分六类:塑料制品;漂浮的垫舱物料、衬料或包装材料;被磨碎的纸制品、破布、玻璃、金属、瓶子、陶器等;纸制品、破布、玻璃、金属、瓶子、陶器等;食品废弃物;焚烧炉灰渣。

本附则的特殊区域有:地中海区域、波罗的海区域、黑海区域、红海区域、"海湾"区域、北极区域、南极区域、泛加勒比海区域。

1. 船舶垃圾的排放规定

（1）在特殊区域外

① 一切塑料制品（包括但不限于合成缆绳、合成渔网及合成塑料垃圾袋）均不得排放入海。

② 不得在距最近陆地 25 海里以内将漂浮的垫舱物料、衬料和包装材料排放入海。

③ 不得在距最近陆地 12 海里以内将食品废弃物和一切其他的垃圾，包括纸制品、破布、玻璃、金属、瓶子、陶器及类似的废物排放入海；但经粉碎机和磨碎机处理后，粒径不大于 25 毫米的，可在距最近陆地 3 海里以外投弃入海。

④ 如果垃圾与具有不同处理或排放要求的其他排放物混在一起时，则应适用其中较为严格的要求。

（2）在特殊区域内

① 一切塑料制品（包括但不限于合成缆绳、合成渔网和合成塑料垃圾袋）、一切其他垃圾（包括但不限于纸制品、破布、金属、瓶子、陶器、垫舱物料、衬料和包装材料）禁止排放入海。

② 食品废弃物应在距最近陆地不少于 12 海里排放入海。但在泛加勒比海区域内，经粉碎机或磨碎机处理后，粒径不大于 25 毫米的，可在距最近陆地 3 海里以外排放入海。

③ 如果垃圾与具有不同处理或排放要求的其他排放物混在一起时，应适用其中较为严格的要求。

④ 来往于南极区域的船舶，应有足够能力保存在该区作业时船上产生的垃圾，并保证船舶离开该区后把垃圾倒入港口接收设施。

2. 公告牌、垃圾管理计划和垃圾记录

（1）总长 12 米及以上的所有船舶，都应张贴公告牌，向船员和旅客展示有关垃圾处理的要求。该公告牌使用船旗国官方文字，以及英文或法文的一种。

（2）每艘 400 总吨及以上的船舶和允许载运 15 人及以上的船舶，应制定一份船员必须遵守的"垃圾管理计划"，计划应符合国际海事组织的编制指南。

（3）航行于公约缔约国管辖的港口和近海码头的每艘 400 总吨及以上的船舶和允许载运 15 人及以上的船舶，应备有一份本附则规定格式的《垃圾记录簿》。

在下列情况下，应按规定项目记录《垃圾记录簿》：

① 向海中排放垃圾时。

② 向港口接收设施或其他船舶排放垃圾时。

③ 在船上焚烧垃圾时。

④ 意外排放或其他特殊情况下排放垃圾时。

《垃圾记录簿》记录注意事项：

①《垃圾记录簿》应记录每次排放或焚烧作业，负责船员应于当日签署，船长应在有记录的每一页签署。每项记录应用船旗国官方文字及英语或法语中的一种书写，在有争

议或不一致时,以船旗国官方文字为准。

②　每次排放或焚烧记录应包括日期、时间、船位、垃圾种类和被排放或焚烧的垃圾的估算量。

③　如发生例外情况的排放、泄漏或意外丢失,应记载垃圾丢失的情况及有关原因。

④《垃圾记录簿》存放在船上适当地方,最后一项记完后留船保存2年。

第二节　我国防治船舶污染水域环境法规

一、我国海洋环境保护法和防治船舶污染海洋环境管理条例

1982年8月23日第五届全国人民代表大会常务委员会第二十四次会议通过了《中华人民共和国海洋环境保护法》,于1983年3月1日生效,是我国第一部为保护海洋环境及资源、防治污染损害而制定的综合性法律。

《防治船舶污染海洋环境管理条例》经2009年9月2日国务院第79次常务会议通过,自2010年3月1日起施行,1983年12月29日发布的《中华人民共和国防止船舶污染海域管理条例》同时废止。

1. 与渔业船舶关系密切的内容

(1) 本管理条例适用于中华人民共和国管辖海域、海港内从事航行、勘探、开发、生产、旅游及其他活动的一切中国、外国籍船舶及船舶所有人和其他人。

(2) 防治船舶污染海域环境的主管机关:①　中华人民共和国港务监督负责船舶排污的监督和调查处理,以及港区水域的监督,并主管防治船舶污染损害的环境保护工作。②　国家渔政渔港监督管理机构负责渔港船舶排污的监督和渔业水域的监视,主管保护渔业水域生态环境工作,并调查处理渔业污染事故。

(3) 任何船舶不得在我国海域内、河口附近的港口淡水水域、海洋特别保护区和海上自然保护区排放油类、油性混合物、废弃物和其他有害物质。船舶应当将不符合排放要求的污染物排入港口接收设施,或由船舶污染物接收单位接收。

船舶不得向依法划定的海洋自然保护区、海滨风景名胜区、重要渔业水域以及其他需要特别保护的海域排放船舶污染物。

完全属于下列情形之一,经过及时采取合理措施,仍然不能避免对海洋环境造成污染损害的,免予承担责任:

①　战争;

②　不可抗拒的自然灾害;

③　负责灯塔或者其他助航设备的主管部门,在执行职责时的疏忽,或者其他过失行为。

(4) 船舶在中华人民共和国管辖海域向海洋排放油类、油性混合物、废弃物、生活污水、含有毒有害物质污水以及压载水等污染物,应当符合法律、行政法规、中华人民共和国

缔结或者参加的国际条约以及相关标准的要求。船舶对污染物的排放,应当在相应记录簿内如实记录。

船舶污染物的排放方式主要包括泵出、溢出、泄出、喷出和倒出。

(5)船舶非正常排放油类、油性混合物和其他有害物质,造成污染海域事故,应立即采取措施,控制和消除污染,并尽快向就近的港务监督提出书面报告、接受调查处理。

(6)不足150总吨油轮及不足400总吨非油轮,应设专用容器,以回收残油、废油,并将残油、废油排入港口接收设备。

(7)船舶进行加油或装卸油作业时,必须遵守操作规程,采取有效措施,防止发生溢油、跑油事故。船舶需要在港内进行洗舱作业,必须采取安全和防治污染措施,并在事先向港务监督申请,经批准后,方可进行。

(8)船舶发生海损事故,或有可能沉没时,船员离船前,应尽可能地关闭所有油舱(柜)、管系的阀门,堵塞通风孔,防止溢油,并应在海事报告中说明存油的数量及通风孔的位置。

(9)船舶在发生油污事故或违章排油后,不得擅自使用化学消油剂。如必要使用时,应事先用电话或书面向港务监督申请,说明消油剂的牌号,计划用量和使用地点。经批准后,方可使用。

(10)船舶发生海损造成或可能造成海洋重大污染损害的,主管机关有权强制采取避免或减少这种污染损害的措施,包括强制清除和强制拖航的措施。由此发生的一切费用,由肇事船方负责。

(11)发生污染事故或违章排污的船舶,其被处以罚款或需负担清除、赔偿等经济责任的船舶所有人或肇事人,必须在开航前办妥有关款项的财务担保或缴纳手续。

(12)造成海洋环境污染损害的,主管机关视其责任情节的轻重和损害程度,责令其支付清污费,并可处以警告、罚款。当事人不服的,可以在收到决定之日起15日内,向人民法院起诉,期满不起诉又不履行的,由主管机关申请人民法院强制执行。凡因海洋环境污染受损的船舶和个人,都有权要求造成污损者赔偿损失。对船舶发生污染能主动检举揭发,或采取有效措施减少污染损害有突出成绩的个人,应给予表扬或奖励。

处罚的有关规定:

① 对船舶所有人的罚款,最高额为人民币十万元。

② 对未经允许,擅自使用消油剂、未按规定配备《油类记录簿》、《油类记录簿》的记载伪造事实、阻挠港务监督检查的,罚款最高额为人民币一千元。

③ 对有直接责任的船员或其他个人,应予以教育,情节严重的也可罚款,但其最高额不得超过本人月基本工资的20%。

2. 对船舶含油污水、生活污水排放的有关规定

环境保护部批准并与国家质量监督检验检疫总局联合发布国家环境保护标准《船舶

水污染物排放控制标准》(GB 3552—2018),该标准于 2018 年 7 月 1 日起实施。

《船舶水污染物排放控制标准》是我国目前唯一的水上移动污染源水污染物排放控制标准,适用于各种船舶,几乎涵盖除军事船舶之外的所有船舶,包括各种规模和船龄的客船、渔船、油船、化学品船、集装箱船、散货船和特种船舶等,船舶结构、用途各异,航行水域横跨地表水、近岸海域和远海,既有国内船舶,也有外国籍船舶。

(1)船舶含油污水应符合表 18 - 1 要求。

表 18 - 1　船舶含油污水排放控制要求

污水类别	水域类别	船舶类别		排放控制要求
机器处所油污水	内河	2021 年 1 月 1 日之前建造的船舶		自 2018 年 7 月 1 日起,按本标准* 4.2 执行或收集并排入接收设施。
		2021 年 1 月 1 日及以后建造的船舶		收集并排入接收设施。
	沿海	400 总吨及以上船舶		自 2018 年 7 月 1 日起,按本标准 4.2 执行或收集并排入接收设施。
		400 总吨以下船舶	非渔业船舶	自 2018 年 7 月 1 日起,按本标准 4.2 执行或收集并排入接收设施。
			渔业船舶	(1)自 2018 年 7 月 1 日起至 2020 年 12 月 31 日止,按本标准 4.2 执行; (2)自 2021 年 1 月 1 日起,按本标准 4.2 执行或收集并排入接收设施。
含货油残余物的油污水	内河	全部油船		自 2018 年 7 月 1 日起,收集并排入接收设施。
	沿海	150 总吨及以上油船		自 2018 年 7 月 1 日起,收集并排入接收设施,或在船舶航行中排放,并同时满足下列条件: (1)油船距最近陆地 50 海里以上; (2)排入海中油污水含油量瞬间排放率不超过 30 升/海里; (3)排入海中油污水含油量不得超过货油总量的 1/30 000; (4)排油监控系统运转正常。
		150 总吨以下油船		自 2018 年 7 月 1 日起,收集并排入接收设施。

*《船舶水污染物排放控制标准》(GB 3552—2018)

(2)船舶生活污水排放控制要求:自 2018 年 7 月 1 日起,400 总吨及以上的船舶,以及 400 总吨以下且经核定许可载运 15 人及以上的船舶,在不同水域船舶生活污水的排放控制分别按以下要求执行。

在内河和距最近陆地 3 海里以内(含)的海域,船舶生活污水应采用下列方式之一进行处理,不得直接排入环境水体:

1)利用船载收集装置收集,排入接收设施;

2)利用船载生活污水处理装置处理,达到生活污水污染物排放限值要求后在航行中排放。

在距最近陆地 3 海里以外海域,船舶生活污水排放控制要求见表 18 - 2。

表 18 - 2　距最近陆地 3 海里以外海域船舶生活污水排放控制要求

水　　域	排放控制要求
3 海里<与最近陆地间距离≤12 海里的海域	同时满足下列条件： （1）使用设备打碎固形物和消毒后排放； （2）船速不低于 4 节,且生活污水排放速率不超过相应船速下的最大允许排放速率。
与最近陆地间距离>12 海里的海域	船速不低于 4 节,且生活污水排放速率不超过相应船速下的最大允许排放速率。

（3）生活污水污染物排放限值

在 2012 年 1 月 1 日以前安装(含更换)生活污水处理装置的船舶,向环境水体排放生活污水,其污染物排放控制按表 18 - 3 规定执行。

表 18 - 3　船舶生活污水污染物排放限值(一)

序　号	污 染 物 项 目	限　值	污染物排放监控位置
1	五日生化需氧量(BOD5)(mg/L)	50	生活污水处理装置出水口
2	悬浮物(SS)(mg/L)	150	
3	耐热大肠菌群数(个/L)	2 500	

在 2012 年 1 月 1 日及以后安装(含更换)生活污水处理装置的船舶,向环境水体排放生活污水,其污染物排放控制按表 18 - 4 规定执行。

表 18 - 4　船舶生活污水污染物排放限值(二)

序　号	污 染 物 项 目	限　值	污染物排放监控位置
1	五日生化需氧量(BOD5)(mg/L)	25	生活污水处理装置出水口
2	悬浮物(SS)(mg/L)	35	
3	耐热大肠菌群数(个/L)	1 000	
4	化学需氧量(CODCr)(mg/L)	125	
5	pH(无量纲)	6~8.5	
6	总氯(总余氯)(mg/L)	<0.5	

在 2021 年 1 月 1 日及以后安装(含更换)生活污水处理装置的客运船舶,向内河排放生活污水,其污染物排放控制按表 18 - 5 规定执行。

表 18 - 5　船舶生活污水污染物排放限值(三)

序　号	污 染 物 项 目	限　值	污染物排放监控位置
1	五日生化需氧量(BOD5)(mg/L)	20	生活污水处理装置出水口
2	悬浮物(SS)(mg/L)	20	
3	耐热大肠菌群数(个/L)	1 000	
4	化学需氧量(CODCr)(mg/L)	60	

（续表）

序　号	污染物项目	限　值	污染物排放监控位置
5	pH(无量纲)	6~8.5	
6	总氯(总余氯)(mg/L)	<0.5	
7	总氮(mg/L)	20	生活污水处理装置出水口
8	氨氮(mg/L)	15	
9	总磷(mg/L)	1.0	

3. 船舶垃圾排放控制要求

（1）内河禁止倾倒船舶垃圾。在允许排放垃圾的海域,根据船舶垃圾类别和海域性质,分别执行相应的排放控制要求。

（2）在任何海域,应将塑料废弃物、废弃食用油、生活废弃物、焚烧炉灰渣、废弃渔具和电子垃圾收集并排入接收设施。

（3）对于食品废弃物,在距最近陆地3海里以内(含)的海域,应收集并排入接收设施;在距最近陆地3海里至12海里(含)的海域,粉碎或磨碎至直径不大于25毫米后方可排放;在距最近陆地12海里以外的海域可以排放。

（4）对于货物残留物,在距最近陆地12海里以内(含)的海域,应收集并排入接收设施;在距最近陆地12海里以外的海域,不含危害海洋环境物质的货物残留物方可排放。

（5）对于动物尸体,在距最近陆地12海里以内(含)的海域,应收集并排入接收设施;在距最近陆地12海里以外的海域可以排放。

（6）在任何海域,对于货舱、甲板和外表面清洗水,其含有的清洁剂或添加剂不属于危害海洋环境物质的方可排放;其他操作废弃物应收集并排入接收设施。

（7）在任何海域,对于不同类别船舶垃圾的混合垃圾的排放控制,应同时满足所含每一类船舶垃圾的排放控制要求。

4. 对船舶排放有害液体物质的有关规定

在沿海的船舶按规定程序卸货,并按规定预洗、有效扫舱或通风后,含有毒液体物质的污水排放应同时满足下列条件:

1）在距最近陆地12海里以外(含)且水深不少于25米的海域排放;

2）在船舶航行中排放,自航船舶航速不低于7节,非自航船航速不低于4节;

3）在水线以下通过水下排出口排放,排放速率不超过最大设计速率。

5. 对船舶油类作业的有关规定

（1）作业前必须作好准备工作:检查管系、阀门,堵塞好甲板排水孔、关闭有关通海阀门;

（2）检查有关油类作业的设备,使其处于良好状态;

（3）对可能会发生溢油的部位,事先设置好集油容器;

（4）供油、受油双方应事先商定好联系信号,以受方为主,双方要切实执行;

（5）作业中,要有足够的值班人员,当班人员必须坚守岗位,严格遵守操作规程,掌握作业进度,防止跑油、漏油;

（6）停止作业时,必须关好有关阀门;

（7）收解输油管时,应事先用盲板将软管封好,或采取其他有效措施,防止软管中的存油倒流入水;

（8）将油类作业情况准确地记入《油类记录簿》,不配备《油类记录簿》的船舶,应记入《轮机日志》或《值班记录簿》。

二、中华人民共和国海洋倾废管理条例

条例适用于：一、向中华人民共和国的内海、领海、大陆架和其他管辖海域倾倒废弃物和其他物质;二、为倾倒的目的,在中华人民共和国陆地或港口装载废弃物和其他物质;三、为倾倒的目的,经中华人民共和国的内海、领海及其他管辖海域运送废弃物和其他物质;四、在中华人民共和国管辖海域焚烧处置废弃物和其他物质。海洋石油勘探开发过程中产生的废弃物,按照《中华人民共和国海洋石油勘探开发环境保护管理条例》的规定处理。条例中的"倾倒",是指利用船舶、航空器、平台及其他载运工具,向海洋处置废弃物和其他物质;向海洋弃置船舶、航空器、平台和其他海上人工构造物,以及向海洋处置由于海底矿物资源的勘探开发及与勘探开发相关的海上加工所产生的废弃物和其他物质。"倾倒"不包括船舶、航空器及其他载运工具和设施正常操作产生的废弃物的排放。

1. 海洋倾倒废弃物的有关规定

海洋倾倒区由主管部门商同有关部门,按科学、合理、安全和经济的原则划出,报国务院批准确定,并负责办理海洋倾倒废弃物的审批手续。

需要向海洋倾倒废弃物的单位,应事先向主管部门提出申请,按规定填报申请书,并附报废弃物特性和成分检验单。主管部门在接到申请书之日起两个月内予以审批。对同意倾倒者应发给废弃物倾倒许可证。任何单位未经主管部门批准,不得向海洋倾倒废弃物。

外国的废弃物不得运至我国管辖海域进行倾倒。为了倾倒目的,经我国管辖海域运送废弃物的任何载运工具,应在进入我国海域15天前通报主管部门。

获准向海洋倾倒废弃物的单位在装载时,应通知主管机关予以核实。利用船舶倾倒的,还应通知驶出港或就近的港务监督核实。

2. 违章后的法律责任

对违反本条例,要处以警告或罚款。对造成海洋环境污染损害的,主管部门可责令其

限期治理,支付清除污染费,向受害方赔偿由此所造成的损失,并视情节轻重和污染损害的程度,处以警告或罚款。

对污染损害海洋环境造成重大财产损失或致人伤亡的直接责任人,由司法机关依法追究刑事责任。

当事人对主管部门的处罚决定不服的,可以在收到处罚通知书之日起 15 日内,向人民法院起诉。

三、远洋渔船实施《国际燃油污染损害民事责任公约》的有关规定

《国际燃油污染损害民事责任公约》(以下简称《公约》)于 2001 年 3 月 23 日经国际海事组织大会通过,2009 年 3 月 9 日正式对我国生效。根据《公约》规定,1 000 总吨以上的所有海船和海上运输艇、筏,必须参加燃油污染损害民事责任保险或者其他财务保证,并取得缔约国主管机关签发的《燃油污染损害民事责任保险或其他财务保证证书》。有关规定如下:

(1)自 2013 年 2 月 4 日起,1 000 总吨以上中国籍远洋渔船的所有人,应当向具有油污损害民事责任保险承保资质的保险机构,为其渔船投保独立的燃油污染损害民事责任保险或者取得其他有效的财务保证,保险单或者财务保证应当包括船舶所有人、保险人、保证期限等内容。燃油污染保险或者其他财务保证的具体保障金额最低不得低于《中华人民共和国海商法》规定的有关船舶民事责任限额,以保障远洋渔船不会因违反《公约》和港口国的法律规定而被拒绝进港或滞留。

(2)1 000 总吨以上中国籍远洋渔船的所有人,在为其渔船投保燃油污染损害民事责任保险或其他财务保证后,应当向渔业船舶登记地省(自治区、直辖市)渔港监督机构申请办理《燃油污染损害民事责任保险或其他财务保证证书》(以下简称《证书》),并提交有效的渔业船舶证书、保险单或其他财务保证单据和《证书》申请表。中央在京直属企业所属远洋渔船可由渔业船舶所有人向农业部渔业渔政监督管理局直接申请。

审核通过的,由农业部渔业渔政监督管理局核发《证书》;不符合《公约》规定的,不予核发《证书》,并书面告知申请人不予核发的理由。《证书》有效期不超过燃油污染保险合同或其他财务保证的有效期。《证书》一式两份,正本应随船携带备查,副本留存发证机关。

(3)为便于服务远洋渔业企业,中国籍远洋渔船已持有的由中国海事局或其他缔约国主管机关签发的《证书》在有效期内继续有效,但原保险到期、证书失效后应当按照相关规定进行投保、办理《证书》。中国籍远洋渔船已由农业部渔业渔政监督管理局规定的保险机构以外的国外保险机构承保,需要办理《证书》的,应当经农业部渔业渔政监督管理局认可后,方可受理其《证书》申请;原保险到期后,应当按照规定进行投保、办理《证书》。

(4)除远洋渔船以外,对于在我国沿海海域航行作业的其他 1 000 总吨以上的渔业船舶,各级渔业主管部门及其渔港监督机构应当加强管理,鼓励和引导其投保燃油污染损害民事责任保险,防治船舶污染水域环境。确需办理《证书》的,由渔业船舶登记地省(自治区)、直辖市渔港监督机构参照规定签发《证书》。

第十九章　防止水域污染的措施

第一节　船舶防油污应急计划及处理方案

一、船上油污应急计划

（1）每艘 150 总吨及以上的油轮和 400 总吨及以上的非油轮,应备有主管机关认可的船上油污应急计划。

（2）应急计划应符合国际海事组织制定的《船上油污应急计划编制指南》要求,并使用船长和驾驶员的工作语言。

船舶油污应急计划至少应包括以下四部分内容:

① 船长或负责管理该船的其他人员按规定报告油污事故的程序。

② 在油污事故中,需联系的有关当局或人员的名单。

③ 在事故发生后,为减少或控制排油,船上人员采取措施的详细描述。

④ 国家和地方的合作,在抗油污染行动中,船舶与国家及地方当局协同行动需取得联系的程序和要点。

"船舶防油污应急计划"的核心内容,就是报告和控制排放的行动。

二、船舶防油污应急处理方案

1. 报告

（1）当船舶发生油污事故或可能发生油污事故时,船长或船上其他人员应及时向所属单位负责人报告。

（2）溢油时的报告时间

① 船舶出现下列不正常排油现象之一时,应立即报告:

• 补给船用燃油等操作性事故造成溢油。

• 由于船体或船用设备损坏导致溢油。

• 为保障人员及船舶安全或进行救助所进行的排油。

• 超过法律法规规定的油分浓度、排油总量或瞬时排放率等的排放。

② 发生船舶航行安全（碰撞、搁浅等）或设备事故（油管爆裂等）,判断有可能会发生溢油时,应立即报告下列有关内容:

- 船体破损、机器损坏或故障的程度；
- 船位和就近的陆地或与其他航行危险物接近的程度；
- 天气、海况、潮汐、海流；
- 船舶交通密度。

（3）报告程序及内容

① 当船舶发生上述油污事故或可能发生油污事故时,应立即利用一切有效手段(包括拨打 12395 水上求救专用号码)向本单位负责人报告,事态严重时直接向相关部门报告。

② 报告内容包括:

- 事故船名、船上总人数；
- 事故发生的日期、时间和位置；
- 发生事故的原因和损害情况(包括船舶的状况、压载或燃油情况)；
- 简述发生污染的实际状况(污染面积、溢油品种、溢油量等)；
- 天气、水文等简况(包括风向和级数、潮汐和潮流情况)；
- 与事故有关的其他船舶名称及其船舶基本概况,对溢油的控制和移动船舶所采取的措施,人员伤亡情况和是否要求救护等。

2. 溢油控制

（1）发生溢油事故时的最初反应

① 船员一旦发现本船发生溢油事故,应立即报告船长或船上其他负责人,并按船长或船上其他负责人发出的部署命令,迅速到达自己的规定岗位。

② 船长或船上负责人接到报告后,应立即发出溢油报警信号(·－－·),并根据规定向本单位负责人报告;确定溢油源和原因,并立即启动相应措施。

③ 注意事项

- 在使用消油剂清除油污前,必须得到有关主管部门的许可,且必须使用符合技术标准的产品。
- 做最后处理之前,船上应精心地保管回收的污油和清洁使用过的材料。
- 当本船无力清除水面溢油时,应立即请求有关单位援助。

（2）发生溢油时的具体应急措施

① 管路泄漏

A. 在装油或卸油时连通管系发生泄漏,应立即采取以下措施:

- 立即停止泵油,并关闭管系上的连通阀或加固盲板；
- 发出应急报警信号；
- 将事故情况通知供油船或油码头。

B. 若油管发生泄漏,应立即采取以下措施:

- 立即降低管内油压力,或用泵将管内残油抽走；
- 关闭泄漏部位管路上的有关阀门,防止其他管路内的油窜入该管。

② 船体发生泄漏

船体泄漏分为油舱渗漏和尾轴泄漏。船舶在停泊作业期间,如发现本船的水面有油,但查不出原因,则应怀疑是船体泄漏。如怀疑船体发生泄漏,应采取以下措施:

- 停止正在进行的装卸燃油作业,关闭管系和舱与舱之间的阀门;
- 发出溢油报警信号,启动溢油应急措施;
- 查明漏油源,并将事故情况通知供油船或油码头;
- 当泄漏发生在水线以上时,应立即采取堵漏措施并将发生漏油的油舱内的油调驳到其他舱;
- 当泄漏发生在船底时,应立即关闭所有开口(包括透气阀),迅速将该舱存油驳至其他油舱,此时应注意船体应力、稳性及吃水;
- 船内调驳有困难时,应将油驳至其他船或陆地油罐;
- 在不能确定泄漏位置时,应由潜水员查明漏油原因及部位,再采取相应控制溢油措施。

(3)海损事故所致的溢油应急程序及措施

① 船舶因碰撞、搁浅、爆炸、严重横倾发生溢油时的应急反应程序如下:

- 船长应立即向全体船员发出溢油报警信号及应急反应部署命令,全体船员迅速到达自己的岗位;
- 立即向本单位负责人报告;
- 启动相关应急措施;
- 及时布设围油栏或其他等效器材(如可漂浮的缆绳、竹竿等),防止溢油扩散,并尽可能利用吸油材料等将油回收;
- 使用消油剂或凝聚剂时,必须事先取得有关主管部门的许可。

② 发生海损事故时船长必须优先采取防污染的措施:

- 在保证人命安全的条件下,立即采取溢油控制措施;
- 在所有溢油事故中,应采取措施防止火灾或爆炸事故的发生。

(4)相关应急反应措施

① 碰撞时的应急反应措施:调查本船和他船有无破损及是否进水和有无溢油,根据破损程度和漏油情况采取适当的紧急措施,防止油污进一步扩大。

② 船体破损时的应急反应措施:

- 应迅速查明船壳的破损情况,测定破口位置附近的油舱、淡水舱等的油位和水深变化,观察船舶周围水面是否有油花产生;
- 可能发生溢油时,应立即将油舱的油驳出或关闭所有开口阀门;
- 如漏油量较大,应考虑求助外力援助。

③ 触礁(搁浅)时的应急反应措施

- 判断起浮后是否可能发生溢油,当判断本船自浮有困难时,应请求救捞单位或其他船舶进行救助;

- 测量所有油舱、污水舱、淡水舱的变化。

④ 严重倾斜时的应急反应措施：检查船舶的倾斜原因、情况和溢油可能，并根据倾斜角度的溢油情况采取应急措施防止事故进一步恶化。

3. 其他

（1）教育及演习

为保证在发生油污事故时，能切实对控制溢油及清除油污等有关设备进行操作使用，船长应经常对全体船员进行教育并组织关于溢油应急反应的演习。

（2）记录的保存

① 做好油污事故的有关事故报告及处理的记录。

② 做好船上每次进行教育和举行演习的记录。

第二节　油污应急设备及使用

一、溢油回收方法

用物理的方法回收溢油，是清除海面溢油较为理想的方法，既可以避免溢油对环境的进一步危害，又能回收能源，物理回收方法包括人工回收、机械回收和吸油材料吸附回收。当海上溢油无法用物理方法回收时，可采用化学油分散剂（俗名消油剂）、燃烧或沉降方法，在海上直接处理掉。

二、海上油污常用的处理方法

海洋油污的治理方法按其性质可以分为三种：物理法、化学法和生物法。

1. 物理法

借助物理性质和机械装置消除海面和海岸的油污染是目前国内外处理溢油的主要方法，适用于较厚油层的回收处理。

（1）围油栏：当发生溢油事故时，溢油在外界因素影响下，会迅速任意地扩散和飘移，形成大面积污染。在开阔水域、近岸水域或港口发生溢油时，及时布放围油栏，能够将扩散的溢油及时围控，缩小面积，防止其扩散，便于回收和进行其他处理。目前常用的围油栏有固体浮子式、充气式、气幕式三种类型。

（2）吸附法：利用吸油材料吸附海面溢油，是一种简单有效的溢油治理方法，适用于浅海和海岸边及比较平静的场所。溢油吸附材料应具有较高的亲油性、疏水性、溢油吸附量大，亲油后不下沉、有足够的回收强度、便于携带、操作方便。天然吸附材料主要有稻草、锯末、草袋等；合成吸附材料有船上习惯使用的吸油毡，吸油毡的吸油能力好，通常是自重的5~10倍。

（3）机械法：油回收船和撇油器是机械回收溢油的主要方法。通常绝大多数溢油回收器在风速小于10 m/s,波高小于0.5 m时可正常使用。

2. 化学法

（1）燃烧法：在远离陆地及船舶航道以外的海面,发生大规模溢油,又由于海上天气条件恶劣,无法用机械方法回收溢油,可直接将溢油在海上燃烧处理掉。在油量多、油层厚、扩散迅速的情况下,需采用耐火性围油栏或集油剂帮助。

（2）化学试剂法

① 消油剂：0.3 cm以下的薄油层,通过喷洒消油剂,改变油水界面的表面张力,使溢油分散,油膜消失。优点是见效快,可以在恶劣天气条件下短时间内处理大面积溢油。但在低于5℃的水中几乎不能应用,且可能产生二次污染。

② 凝油剂：凝油剂的作用是将溢油包凝起来。凝油剂有聚丙烯醇醚和聚氧烷基乙二醇醚、皮革纤维等,但尚未在实际中得到应用,仍处于试验阶段。

③ 集油剂：向海面溢油喷洒集油剂,改变油、水的表面张力,油聚集后再用其他方法回收,可以说集油剂是一种化学围栏,适合用在港湾海域内。

3. 生物法

利用油类作为微生物新陈代谢的营养物质以达到去除溢油污染的目的。目前,至少已知有九十多种细菌和真菌能够降解部分石油成分。

三、常用吸附材料

吸附材料密度小,可在溢油水面和海滩拦截吸收溢油,也可拖带清除薄油层,是回收稀薄油层的有效方法之一。现在使用的吸附材料大部分由浸渍了疏水剂的多孔性基材制成,也有的是由人造聚合物材料或者棉花纤维制成。

使用吸附材料时,通常在围控状态下,用小艇向溢油面多处水平投放,使用足够数量的吸油材料,使其处于吸油未饱和状态而不断吸油,在吸附材料一面吸附后使其翻身充分吸附,对吸足油的吸附材料应及时回收。当余油稀薄时,应逐步缩小围控范围。使用吸附材料时,不得使用消油剂,以免降低吸附能力,回收的吸油材料应及时焚烧处理,并防止滴出的含油污水二次污染水域。

四、油处理剂

对处理水域溢油的化学试剂统称为油处理剂,按其类型可分为凝聚沉降型、凝聚上浮型和乳化分散型3种。当前各国使用最多、效果较好的是乳化分散型油处理剂,也称之为化学消油剂或溢油分散剂。

乳化分散型油处理剂利用分子作用原理,将溢油从聚集态,拉散到较小的分子态的油水乳化物,使水面溢油均匀分散到水体中,从而消除水面溢油污染。乳化分散型油处理剂特别适用于开放水体,适合于因海况恶劣无法回收溢油或溢油很薄很难进行回收的场合,适用于分散的中、低黏度溢油。

使用消油剂时,需考虑使用时间及地点的限制,在沿海管辖区域内使用消油剂前,务必事先向当局申请,说明其牌号、用量和使用地点,经批准后方可使用。

第三节　防止水域污染的设备

一、舱底油污水分离装置

1. 舱底油污水的分离方法

舱底油污水的成分很复杂,其中污油主要来自主、辅机燃料和润滑油的滴漏,污水主要来源于各油柜、空压机、空气瓶的残水和柴油机、水泵等管系的泄漏等。船用舱底油污水分离装置以重力分离、过滤分离和吸附分离为主。先对油污水进行重力分离(粗分离),然后进行过滤分离和吸附分离(细分离)。

油水分离器的分离效果与其结构和内部清洁状况直接有关,同时还与油类品种和舱底水泵型式相关。从结构原理上来看,重力-吸附式分离精度最高。

2. 对舱底油污水分离装置的要求

船舶油污水分离装置必须符合下列工作要求:

(1) 经过分离处理的油污水应符合国际排放标准,即在 12 海里以外(公海)含油浓度要低于 100 mg/L,在 12 海里以内含油浓度要低于 15 mg/L;

(2) 结构简单、体积小、重量轻,易于清洗、检修和操作管理;

(3) 能自动排油,工作自动化程度高;

(4) 船体 22.5°倾斜时能正常工作,以适应海上工作需要;

(5) 应经主管机关许可。

3. 油水分离器

(1) 油水分离器的基本原理

由于油的相对密度比水小,只要有足够的时间,油便能在水中漂浮分离,油的密度越小,在水中上浮阻力也越小、上浮分离速度越快。因此,分离器一定要有足够的容积,确保含有油的污水在分离器中有一定的停留时间,就能达到分离的目的。油污水在通过分离器内部的聚合芯子时,污水中的细小油滴就被聚合芯子上较大油滴捕捉吸附成大油滴上浮分离,经过处理后的水则由分离器下部排出。

油水分离器一般都装有自动分油装置,以免污油影响分离效果,甚至重新污染分离器的排出水。电磁阀式自动分油装置在油水分离器工作时,聚合成滴的油液上浮并聚积在顶部集油腔内。集油腔内设置的液位电极基于油、水的导电率不同来感测油位。当油层达到一定的厚度时,液位电极发出信号,激发电磁阀打开,自动排油。在排油过程中,当集油腔内油层减小到一定值时,液位电极再次发出信号,电磁阀自动关闭,排油停止。

另外,在油水分离器中还设置加热器。因为油水温度较高时,易于在油水分离器中进行分离,但是较高温度的油污水在通过输送泵时则容易发生乳化现象。所以,一般是将含油污水泵入油水分离器后再进行加热,随着温度的上升,油的黏度减小,细小油滴易于上浮,使其在较高温度下进行分离。

（2）油水分离器运行管理注意事项

主要注意油水分离器的排油、加热温度和清洗等问题。

① 积存在油水分离器顶部的污油和空气必须及时排除,以免油层过厚使油水重新混合,影响分离的正常工作;

② 经常通过探试旋塞检查分离器内油位,开启探试旋塞时,其排出的是油,说明集油腔室内的积油已到达一定厚度,应开启排油阀手动排油,直至探试旋塞排出水为止;

③ 适当控制对污水加热的温度,加热的温度一般为40~60℃,油水密度差加大可使污水的黏度降低,增大油的上浮力;

④ 及时更换和清洁分离元件,当分离器进出口的压力差超过0.05 MPa时,应更换聚合芯子(或清洗干净后继续使用);

⑤ 每次运行后,应泵入清水对聚合芯子进行半小时冲洗,冲洗水应排入舱底,不可直接排出舷外;

⑥ 因含油污水中有悬浮的固体颗粒及机械杂质,应定期冲洗分离器,一般每隔一个月,定期清洗一次;每隔一年要进行一次彻底清洗。

二、船舶生活污水处理装置

船舶生活污水的处理方法有三类。

1. 储存柜式处理装置

在船上设置储存柜,当船舶航行于内河或沿海时,将生活污水储存于柜内,船舶到港后,向岸上生活污水接受港或港口接受船排放或船舶航行到非限制海域排放入海。

2. 排放式处理装置

在船上设置生活污水处理装置,将生活污水净化消毒处理达到排放标准后排出船舶舷外。

3. 再循环式处理装置

将生活污水处理装置处理后的液体作再循环冲洗介质,液体再循环前,要经过滤、澄清和添加化学药剂杀菌及改变冲洗介质外观颜色。

三、船舶垃圾处理装置

船舶垃圾处理的常用方法如下。

1. 直接投弃法

当船舶在管制海域航行时,先将垃圾保存在船上,当船舶航行到非管制海域时,再将垃圾直接投入大海,此种方法虽然简便,但储存的垃圾会产生臭味。

2. 粉碎处理法

用粉碎机将垃圾粉碎,使其粒度达到排放要求后再排放入海;长期航行在禁止投弃垃圾海域的船舶,可在船舶舷侧装设一个储存柜,粉碎后的垃圾暂时存放在里面,当船舶航行到非管制海域时再排放。

3. 焚烧处理法

将可以燃烧的固体垃圾和液体垃圾送入焚烧装置烧掉。

第二十章　防止油污染证书和油类记录簿

第一节　油类记录簿

根据《73/78 防污公约》的规定，凡是 150 总吨及以上油轮和 400 总吨及以上非油船，均应设立《油类记录簿》。油轮应备有两种《油类记录簿》，一种用于机器处所的操作，由轮机部保管；一种用于货油的操作，由船副保管。

按渔业船舶的特点，农业部规定 300 kW 及以上的渔业船舶都要备有《渔业船舶油类记录簿》。《油类记录簿》是船舶防止污染的重要文件，必须严肃认真地填写和保存。

其主要格式内容简述如下。

一、《油类记录簿》填写格式和注意事项

(1) 本记录簿供渔业船舶进行油类作业所用，应在《油类记录簿》指定的页面描绘本船油水舱布置图，并填写各油水舱柜的容积；

(2)《油类记录簿》上每一页上的船名、登记号或呼号都应填写，不得遗漏；

(3) 填写时，应采用记载细目表中规定的项号和序号，英文字母符号表示作业项目，数字表示细目，地点、方法用文字说明，对应格内填入细目所示内容；

(4) 要根据船上实际情况采用黑色墨水笔如实填写；

(5)《油类记录簿》应逐行、逐页使用，不得留有空白；所要求记载的细节，应按年、月、日顺序记录；操作时间一定要写起止时间；

(6) 每记完一项作业的全过程，作业负责人应签署姓名和日期；

(7) 每页使用完后，应有船长审阅、签署姓名和日期；

(8) 记录簿自最后一次记录日期起，保存三年，有重大污染事故记录，则保存五年。

二、《油类记录簿》项目一览表

1. 压载燃油舱内污油压载水或洗舱水的排放

(1) 排放日期。

(2) 排放时的船位(地点)、船速。

(3) 排放的数量及清洗前燃油舱内所装的油种类。

(4) 排放方法：① 按 100 mg/L 排放标准作海上常规排放；② 通过含油量小于 15 mg/L 的滤油设备排放；③ 排入港口接受设备。

2. 废油、残油及其他残渣物的处理

（1）排放日期。
（2）处理的地点（港口）。
（3）处理的数量。
（4）处理方法：① 通过专门容器卸入港口接受设备；② 与加入的燃料混合；③ 其他（予以证明）。

3. 机舱舱底含油污水的排放

（1）排放日期。
（2）排放的地点（或船位）、船速。
（3）排放的数量。
（4）排放方法：① 按 100 mg/L 排放标准作海上常规排放；② 通过含油量小于 15 mg/L 的滤油设备；③ 排入港口接受设备；④ 自舱底通过分离器自动向外排放。

4. 意外或应急情况下燃油的泄漏或排放

（1）发生情况的日期和时间。
（2）泄漏和排放的地点（或船位）。
（3）燃油的种类数量。
（4）发生溢漏或排放的情况纪要。

5. 加装燃油

（1）加装燃油的日期和时间。
（2）加装燃油的地点。
（3）燃油的种类数量。

第二节　船舶防止油污染证书

《1973 年国际防止船舶造成污染公约》规定，凡从事航行前往缔约国所辖港口或近海装卸站的船舶，都必须具有一张有关防止油污染，防止散装运输有毒液体物质污染或防止生活污水污染的《国际防止油污证书》。农业部规定，远洋渔船必须具备船舶《国际防止油污证书》。证书由主管机关或经主管机关正式授权的人员或组织检验并签发。

1. 发证检验

凡是 150 总吨及以上油轮和 400 总吨及以上其他船舶，均应由主管机关进行首次检验和不超过五年间隔期的定期检验，以保证船舶结构、设备、装置、布置和材料符合要求。在定期检验的间隔期内,还要进行一次期间检验,间隔不超过 30 个月,以保证设备、相连的泵浦、管系和排油监控系统符合要求,各种检验都要由主管当局予以签证。

2. 证书的效力

证书的有效期由主管机关确定,一般不超过五年。证书期满时,如船舶不在所挂国旗的缔约国管辖的港口或近海装卸站,主管机关可将该证书延期,延期一般不超过五个月。

未经主管机关许可,对所要求的构造、设备、装置、布置和材料做了重大变更,或者没进行规定的期间检验,证书即告失效。

3. 证书的格式

(1)《国际防止油污证书》

国际防止油污证书(1973)(IOPP)

经 （填入授权国家的全名） 政府授权,由 （填入发证船级社或船检机构的全名） 根据 1973 年国际防止船舶造成污染公约规定发给。

船　名	船舶编号或呼号	船籍港	总吨位

兹证明：本船已按照 1973 年公约和 1978 年议定书的有关条款规定,进行检验。检验结果表明,本船的结构、设备、各种系统、附件布置和材料及其状况,均属合格且符合议定书要求。

本证书有效期至_____止,但每隔_____要进行期间检验。

_____年_____月_____日发于(地点)

（正式授权官员签字）

（主管当局盖章）

(2)《国际防止散装运输有毒液体物质污染证书》,格式同前。

(3)《国际防止生活污水污染证书》,格式基本同前。

现有船舶的检验、期间检验、证书延期均要在证书上予以签字。

渔业船舶安全操作规程

第二十一章 渔业船员安全生产责任制

《渔业船员安全生产责任制》是按照"安全第一,预防为主"的安全生产方针和"管生产同时必须管安全"的原则,将渔业船舶各个作业岗位的船员在安全方面应做的事情和应负的责任加以明确规定的一种制度。把安全生产责任落实到渔船的每个部门、每个岗位、每个环节、每个人,从而增强他们的责任心,使安全管理工作做到各司其职,各负其责,又互相配合协调,共同努力把安全生产工作真正落到实处,从而避免或减少事故的发生。

第一节 驾驶人员安全职责

一、船长

(1)船长是渔业安全生产的直接责任人,在组织开展渔业生产、保障水上人身与财产安全、防治渔业船舶污染水域和处置突发事件方面,具有独立决定权。

(2)依法持证上岗,具备与所驾船舶相应的法定驾驶安全资质条件。

(3)做好各项备航工作,根据渔场安排制定可靠的航行计划。确保渔业船舶和船员在开航时处于适航、适任状态。按规定申请办理渔业船舶进出港签证手续。

(4)遵守国家有关安全生产法律、法规规定及国际公约、协定。自觉接受主管机关安全监督和船员监督。

(5)带头和督促全体船员严格执行各项安全管理制度和安全操作规程。有责任制止各种违章行为,对不听劝告者,有权停止其工作,并根据有关规定提出处理意见。

(6)督促全体船员对各种设备的检查保养,保持船舶适航状态和设备的良好技术状态,确保船舶安全生产。

(7)船舶所有设备严禁超载、超负荷运转(起网),对超载、超负荷运转(起网)造成事故应负领导责任。

(8)负责定期召开船舶安全生产领导小组工作会议,总结经验、吸取教训,制定措施,布置任务,及时解决存在的安全问题。

(9)进出港、离靠码头、移动泊位、实施海上救助、恶劣天气、船舶密集、狭水航道等复杂情况,船长应直接驾驶指挥。

(10)对发生各类事故及险情,必须及时组织抢救,严格遵守事故报告规定,及时向船舶所有人和主管部门报告。事后有责任按"四不放过"原则,制定有效措施,杜绝类似事故的再次发生。

（11）在渔业船舶的沉没、毁灭不可避免的情况下,报经渔业船舶所有人或经营人同意后弃船(紧急情况除外);弃船时,船长应当检查清点船员人数,确认船员全部离船后最后离船,并尽力抢救《渔捞日志》《轮机日志》《油类记录簿》等文件和物品。

（12）在不严重危及自身船舶和人员安全的情况下,尽力履行水上救助义务。

二、船副

（1）在船长领导下,负责船舶开展各项安全生产工作,安排船员日常安全检查,发现隐患及时解决并报告船长。

（2）配合船长定期召开安全生产工作会议,总结经验、吸取教训、制定措施、布置工作。

（3）协助船长对船员进行安全技术教育、组织安全操作规程学习,遵守岗位职责、严格执行安全操作规程,有责任制止违章操作并认真做好安全记录。

（4）进出港口、靠离移泊,抛锚时,应在船首,按船长指示现场指挥工作。

（5）督促有关人员对驾驶、甲板机械、仪器进行检查保养,确保完好状态。

（6）督促助理船副对全船的消防、救生设备定期检查、养护和调换。使之处于良好技术状态。

（7）协助船长搞好救生、消防、救护、防污染(溢油)的学习和演习工作。

（8）船舶发生事故和遇险时,按船长指示到现场指挥处理,事后报告船长。

三、助理船副

（1）在船长、船副领导下,严格履行航行、生产和停泊所规定的值班职责。

（2）船舶进出港口、靠离移泊,应在船尾按船长指示现场指挥工作,并将现场和周围情况及时报告船长。

（3）对分管的助渔、助航、气象等仪器仪表,负责管理、使用、保养,使之处于完好技术状态。

（4）管理全船的消防设备、器材和火警报警设备,定期检查、保养和换剂。

（5）负责管理救生艇(筏)、救生浮具、属具和备品,定期检查、保养,保持清洁完好状态。

（6）严格执行起放网安全操作规程,发现甲板人员违章行为,必须立即纠正。

（7）负责编写落实船舶应急部署表、应变卡。

第二节　甲板人员安全职责

一、渔捞长

（1）在船副领导下,组织甲板人员安全生产工作。

（2）严格遵守岗位职责、安全操作规程和有关安全制度。有责任制止渔捞员违章行为。

（3）有责任组织渔捞员学习安全操作规程,不断提高渔捞员操作技能。

（4）在船副领导下,安排渔捞员的工作岗位。

（5）负责组织渔捞员做好网具、甲板机械、吊杆、葫芦、属具等设备的检查保养工作。

（6）组织渔捞员进行救生、消防、堵漏、操艇演习。

（7）负责编制航行、停泊及瞭头值班表。亲自参加瞭望和必要时操舵。

二、渔捞员

（1）在渔捞长领导下,参加起放网操作,执行值班职责,做好维修保养工作。

（2）严格执行各项安全管理制度、渔捞作业安全操作规程和各项值班守则。

（3）积极参加救生、堵漏、消防、救护和防污染（溢油）的学习和演习。

（4）船舶发生险情时,必须立即就位待命。

（5）参加放艇（筏）时,必须听从助理船副指挥。

（6）接受安全教育,工作时正确穿戴劳动防护用品,注意自身安全保护。

（7）对领导强令冒险操作行为和违章行为有权拒绝执行。

（8）不蛮干,不冒险操作,有责任制止他人违章行为。

第三节　轮机人员安全职责

一、轮机长

（1）在船长领导下,负责轮机部门全面安全工作,负责全船机电设备处于良好技术状态,确保安全生产。

（2）保持各种安全装置和应急设备处于正常技术状态,指导轮机人员熟悉各种应变措施和各岗位的安全工作。

（3）模范执行各项安全生产管理制度。有责任建立健全各种机电设备的安全操作规程,报公司审批实施,并督促检查轮机人员严格执行。

（4）当机电设备发生事故时,应立即组织抢修,防止损失扩大,并采取有效措施防止重复发生类似事故。

（5）主持召开轮机部门安全工作会议,总结经验,吸取教训,制定措施,杜绝事故。

（6）机舱动火切割、焊接之前,要按规定审查申报,动火时,要亲自监督执行动火安全措施,严防火警。

（7）教育并督促轮机人员学习安全管理制度、安全操作规程。有责任制止各种违章行为,对不听劝告者,有权停止其工作,并提出处理意见报告船长。

（8）进出港、离靠码头、移动泊位、海上救助、遇险和演习等复杂危急情况,必须亲临机舱值班。

（9）严禁船舶所有设备超负荷运行,对超负荷运转所造成事故应负领导责任。

二、管轮

（1）在轮机长领导下,负责轮机部门日常安全生产工作。

（2）对轮机部门各种安全设备、装置和防护设施,负责进行定期检查和试验,使之处于良好状态。指导有关人员熟悉防溢油和掌握管理、使用方法,切实做好机舱防火、防爆、防冻和防污染工作。

（3）负责所分管的主机及辅助设备处于良好技术状态,负责制定所分管设备的操作规程,经轮机长批准后公布实施。

（4）船舶厂修时,协助轮机长做好机舱安全防护和保卫工作。有责任制止违章行为。

（5）协助轮机长组织轮机人员学习安全管理制度、安全操作规程。

（6）严格执行各项安全管理制度和安全操作规程。

（7）船舶遇险或演习时,必须立即进入机舱,协助轮机长工作。

三、助理管轮

（1）在轮机长、管轮领导下,负责所分管的辅机及机舱辅助设备处于完好的技术状态。

（2）严格遵守各项安全管理制度和安全操作规程。

（3）指导甲板有关人员正确操作和维修、保养甲板机械。

（4）定期检查、试验救生艇(筏)、应急消防泵、总用泵等安全设备,使之处于良好技术状态。

（5）负责加装燃油时,严防跑、冒、滴、漏污染海域。

（6）接受安全教育,积极参加救生、消防、堵漏和防污染的学习和演习。

（7）船舶遇险和演习时,必须立即进入机舱服从轮机长、管轮命令。

（8）参加鱼品加工和装卸货物时,必须穿戴劳动防护用品,严格遵守操作规程,保护自身安全。

（9）负责指挥安排跟班机匠工作,有责任制止违章行为。值班时不得擅离岗位。

第二十二章　渔业安全生产操作规程

《渔业安全生产操作规程》是为了保证渔业生产安全而制定的,是操作者必须遵守的操作活动规则。它是根据渔业生产的作业复杂性、多样性,船舶机器设备的特点和捕捞作业技术要求,结合具体情况及在渔业生产实践中取得成功的操作经验制定出的安全操作守则。该规程不仅指出具体的操作要求和操作方法,更重要的是指出应注意或禁止的事项。规程中有许多具体的条文是用血的代价和事故的教训换来的。它是渔业生产企业建立安全制度的基本条件,进行安全教育的重要内容,也是处理伤亡事故的一种依据。安全操作规程制定之后,渔船船员在渔业生产全过程中就必须严格遵守。

第一节　航　行　安　全

一、航行前的安全

(1) 收听天气预报,了解气象情况。

(2) 备齐所需的航行图书资料和作业物品及生活资料。

(3) 了解渔场、航行经过区域的情况,制定可靠的计划航线,确保航行安全。

(4) 检查助渔、助航、舵、车钟、航行灯、汽笛、信号、通信、导航、救生、消防等设备,确保处于良好的工作状态。

(5) 船舶各项证件齐全、有效。船舶处于适航状态。

(6) 按规定配齐船员,职务船员应持有效的职务证书。

(7) 按规定办妥签证手续。

二、航行时的安全

1. 瞭望守则

对于渔船来说,无论是航行、锚泊值班还是捕捞作业值班,保持正规的瞭望是避免船舶发生碰撞等事故的重要前提。

(1) 落实值班人员瞭望岗位职责,充分掌握各项瞭望要点。认真负责,集中精力,不做与瞭望无关的事。

(2) 充分利用视觉、听觉、雷达、望远镜、甚高频无线电话等一切有效的瞭望手段。仔细观察和收听本船周围水域的一切动态和声音。

（3）瞭望原则是由近到远，由右到左，前后四周，不留盲区，保持连续、不间断的观察。

（4）遇恶劣天气，视线不良或通过复杂地段时，应增派瞭望人员。

（5）能见度不良时，要打开门窗或走出驾驶室，保持肃静，仔细收听他船雾号，倾听水面上的声音。

（6）发挥瞭望安全作用，对当时的局面做出充分估计，发现情况异常时，立即报告船长。

2. 值班守则

航行值班由依法持证上岗的船长、船副和助理船副轮值带班，船员（水手）轮值操舵班。

（1）值班驾驶员必须做到

① 集中精力，谨慎驾驶，加强瞭望，注意分析周围来往船舶动态，随时做好避让工作。

② 严格遵守《1972年国际海上避碰规则》《中华人民共和国海上交通安全法》以及当地港章的有关规定。按规定显示号灯、号型。

③ 严格执行舵令，下达舵令应清晰、正确，经常检查操舵人员的执行情况。

④ 必须熟悉各助渔、助航仪器的性能并正确使用，必须严格按照航行计划航行，修正风流压、勤测船位，力求把船保持在计划航线上。

⑤ 必须按《航海日志》填写须知的规定和要求，正确填写《航海日志》，不得中断，不得涂改和添页、撕页。

⑥ 认真执行船长命令以及船长其他交代的注意事项，在《船长命令簿》上记录执行情况并签名。

⑦ 在近岸、狭水道和岛礁区航行，应充分利用助航仪器，运用各种观测方法，求出正确船位。对转向点或其他主要目标不可疏漏，应将其正横方位、距离清楚地标在海图上，并如实记入《航海日志》。

⑧ 在任何情况下，值班驾驶员在没有船长或其他驾驶员顶替时，不得擅离岗位。航行中不得中断瞭望，如果进入海图室，必须先观察船舶周围情况，并关照操舵人员，协助瞭望，在确认无危险方可进入，逗留时间应尽量短。

⑨ 船长在驾驶室，但未讲明由他值班或指挥前，值班驾驶员不能放弃自己操纵船舶的职责。

（2）值班驾驶员遇到下列情况应报告船长（在紧急危险情况下，必须先采取安全措施）并记入《航海日志》。

① 发现或怀疑计划航线有错误时；

② 发现机器故障或船体漏水时；

③ 发现可疑船、障碍物、求救信号等；

④ 遇天气恶劣，视程不佳时或遇疑难情况无把握处理时；

⑤ 发现不明岛屿、灯塔、航标，灯浮熄灭或移位；

⑥ 船舶失控或船位不明确时，包括电罗经、磁罗经异常失控时。

（3）在航行交接班时应做到

① 必须按时交接班，接班人员应提前十分钟上驾驶室做好接班准备。接班人员未来到之前，交班人员不得擅自离开岗位。

② 交班人员应确信接班人员头脑清醒，视觉适应当时的光照后进行交接。做到交"清"、接"明"。

③ 交接班必须严肃认真，交清下列内容：

- 交清船位、航向、车速、风流压及助航仪器使用情况；
- 天气与海况变化；
- 周围船舶动态，包括在望或将在望的陆标、灯标、岛屿，附近的暗礁、沉船、水中障碍物等情况；
- 航标的识别，下一班可能遇到的危险障碍物，及应注意事项的建议；
- 船长命令及交代的其他事项；
- 在交接班时间内发生的事故由交班人员负责，交班后发生的事故由接班人员负责。

（4）值班驾驶员遇到下列情况不得进行交接班：

① 值班驾驶员正在采取避让措施时；

② 正在进行起放网捕捞作业时；

③ 不能交给无证人员来代管、顶班时；

④ 没有找到转向目标或未测到可靠船位时；

⑤ 接班人员没有理解接班内容中的任何一条时。

第二节　锚泊时的安全

一、抛锚时应做到

（1）应根据气象、抛锚目的、锚泊时间长短、水深、底质、流速、锚地广狭，选择锚地、决定锚链长度，要有足够的回旋余地，防止发生移锚或碰撞。严禁在禁锚区抛锚，必须避开航道以免影响其他船舶的正常航行；

（2）采用顶风流倒车抛锚，锚链须缓缓松出，锚落地后再徐徐松出，禁止松放过快，以免锚链断裂；

（3）深水抛锚，锚链应逐节抛出，不能过快，防止冲力过大，锚链飞出链轮，造成人员伤亡或锚、链全丢；

（4）锚落地必须立即显示锚球或锚灯。抛锚完毕应将所抛出的左（右）锚及锚链节数、锚位及时记入《航海日志》。

二、起锚时应做到

（1）起锚时船首至少两人操作（其中一人指挥），随时向驾驶台报告锚链方向及受力

情况,驾驶员必须采用车舵配合,以减轻锚链过度受力,避免起锚时负荷过大而使锚链受损;

（2）在大风浪或流急时起锚,必须用车配合,未启动主机不得进行起锚操作;

（3）起锚中如发现锚钩挂障碍物,需根据情况,谨慎处理,不可盲目硬绞或盲目开车;发现锚链、锚索缠结时,需根据情况在采取有效保险措施的情况下,才能处理,以防发生人身伤害事故;

（4）锚机故障采取应急人工起锚时,须采取安全措施,以防手柄伤人;

（5）锚离地须立即报告驾驶台,立即关闭锚灯或落下锚球;

（6）不论是否处于锚泊或其他状态,除在起抛锚过程中外,船首止链器,必须处于关闭状态,配有"十字锚"船只,船首羊角必须有保险钢丝,上好止链器闸刀、销子,并注意销子插向以防震落。

三、锚泊时值班人员应做到

（1）值班人应经常巡视全船,查看锚链及锚灯、锚球显示是否正常,以及有无其他异常情况。按时收听天气预报,禁止他船靠拢;

（2）能见度不良,应加强瞭望,按章施放声号和注意他船声号;

（3）在近陆、流急、山岙、港湾、船多地区,应勤查对船位,加强周围情况的观察,以防移锚造成事故;

（4）定时测定船位。发生移锚或遇异常情况威胁本船安全时,应即采取应急措施,同时立即报告船长;

（5）遵守值班纪律,禁止做其他无关事项并执行船长命令;

（6）在港内、狭水道或岛礁区及雾中抛锚时,应由驾驶员和当班渔捞员双人值班,并按规定填写《航海日志》。

（7）交接班时,应提前十分钟叫醒接班人员,接班人员未到前,交班人员不得擅自离开岗位。交接时应交代清楚锚位、锚灯、锚球和其他信号是否正常,周围船只动态及船长布置的有关事项。

四、停泊时值班人员应做到

（1）按照有关规定,渔船在港内停泊期间,至少1/3人员留船值班。

（2）根据潮汐涨落,随时调整缆绳,注意检查缆绳有无磨损,以及碰垫的安放情况。

（3）负责安全网、跳板及舷梯的管理,确保正常安全使用。

（4）船舶需要进行明火作业,要按章报批,并落实监修人员和安全防护。

（5）应做好防火防盗工作,禁止闲杂人员登船。

第二十三章 渔捞作业安全
生产操作规程

渔船安全生产,一方面体现在船舶航行过程中,另一方面体现在生产作业中,船舶和人身、设备安全事故又多发生在日常渔捞作业中。保证安全、防止发生各类事故的根本原则就是遵守安全操作规程,坚决消除不尊重科学的习惯性、随意性等传统操作意识,全面杜绝违反操作规程,违章冒险和盲目蛮干的行为。

第一节 渔捞作业安全生产总则

对拖捕捞作业是以主船和副船组成一个生产单位;网船捕捞作业是以网船和灯船、其他辅助船组成一个生产单位。主船和网船在安全生产上负有领导责任,统一指挥渔捞生产。副船、灯船及其他辅助船要听从指挥积极配合。

一、甲板作业人员安全注意事项

(1)在起放网前十分钟驾驶值班人员打电铃通知各部门工作人员。当听到起放网声号时,甲板全体人员必须穿好救生衣、戴好安全帽和正确使用防护用品,严禁穿拖鞋和塑料鞋子上岗。

(2)渔捞作业中驾驶室、机舱、甲板三岗位工作人员必须思想集中、加强联系、密切配合。

(3)渔捞作业中,船员应处于安全操作位置,转角葫芦里档、直滚筒附近、起吊重物下方不准站人。桅和吊杆上的葫芦要增设保险钢丝以防磨损跌落伤人。

二、管理和使用设备、工具时的安全操作规程

(1)船员在渔捞作业前,必须对本人负责的工作岗位,以及所管理和使用的设备工具仔细地进行检查,如有不妥之处应立即报告,经处理后方可进行工作。

(2)在管理、操纵使用起网机、卷网机时应遵守下列规定:

①起网机、卷网机应有专人负责操作,其他人员需操作时,应有原管理网机人员在旁指导和监护。甲板人员都要熟悉起网机和卷网机的操纵性能及开关的使用,以防万一。

②启动起网机前,应事先通知机舱,并相隔一定时间才能启动。起网机启动后要检查空气开关,各传动部件、刹车、排匀器、离合器等,是否处于适用状态。

③在起网机、卷网机离合器未脱出,摇手柄未拿下,周围环境不清等有碍操作时,在主机快车或倒车时不准启动(电动起网机除外)。冷气开关开过后要放零位(正中),液压起

网机、卷网机启动前对开关进行检查,并将操控摇手柄放在正中或零位。

④ 操作运车时,人不能与摩擦鼓轮站成一直线,脚下要看清楚,握住绳索的两只手至少应与网机滚筒保持安全距离。

⑤ 起网机、卷网机在运转过程中发生卸克、转环、绳索或其他杂物被轧进、套花及其他故障时,应立即停机,待完全停止转动后再进行处理,并要派专人看管冷气开关,禁止手推脚蹬、盲目蛮干。

⑥ 起网机、转网机运转时,严禁人员在上面跨越通过。当曳纲及传动绳索在收绞过程中,任何人不得从上面跨越或从底下钻过,也不准停留在旁边,如必须通过时,应打招呼停绞后通过。

⑦ 操作人员在收绞钢丝、绳索时脚要站稳,脚下要清,防止脚套进绳圈内。

三、抛撇缆人员安全操作规程:

(1) 禁止使用卸克柄或其他金属充作撇缆头;

(2) 撇缆前应先查看周围人员分布情况,防止缆头缠住、挂钩而伤人;

(3) 抛缆时,脚下应站稳,有浪时,人或膝盖处应有依靠,以免滑跌。尾滑道在龙门架上的抛、撇缆人员,除穿救生衣外,还应系安全带;

(4) 撇缆投出时要高喊一声,促使对方人员注意,撇缆头不能对准人投去;

(5) 对船将撇缆抛过来时,本船甲板人员应停止工作,注意避让缆头。接到撇缆后应及时整理收起,防止脚被套进;

(6) 船尾抛缆或卸"老鼠尾巴"操作时,必须有两人参加操作。

第二节　起放网作业安全操作规程

渔船在起放网前,应注意与他船保持一定的安全距离。决定安全距离时要充分考虑下列因素:① 船舶的操纵性能;② 渔具尺度及其作业状况;③ 渔场的风、流、水深、障碍物及能见度等情况;④ 周围船舶的动态及其密集度。

一、放网

(1) 拖网船放网时,任何人不得站在网上,放网人员要注意脚下物品要理清,放完网后在施放曳纲时必须站立在安全位置。如果放网、施放曳纲过程中发现网具或曳纲被挂钩住,不得马上靠近处理,应立即通知驾驶室停车并待渔船行驶惯性停止、网具或曳纲缓松后,再予以安全处理。拖网船放网、施放曳纲接近放完时,应提前减速,防止船速过快拉断曳纲造成弹崩伤人。

(2) 围网放网:弹钩前网船应适当减速,待网头弹出后再加速;操纵底纲机的人员应及时松出底纲,使上、下纲及网衣同步下水,防止发生因跳纲而引起各类事故;网头弹出后灯船应使用适当的倒车拉网下水,形成包围圈。

（3）流刺网放网时，应根据流向、流速保持适当船速，网头抛入水中后，作业人员要离开网堆，站在安全位置，负责看护网片入水走向的人员，应当把牢网杆，避免身体与网片接触；锚流网作业下网时，负责抛网锚人员应避免身体与锚缆接触，脚下物品要理清，不要踩在锚根上。

（4）鱿鱼钓、延绳钓下钓时，钓机、卷筒周围应清理杂物，人员操作要按程序进行，不能用手直接接触转动的卷筒，避免身体各部与钩、线产生挂扯。

（5）笼壶类及吊兜类船下笼（兜）时，应保持笼具的有序和清理，操作人员应处于安全操作位置，不准踩在笼具绳索上，避免挂带，按程序操作。

二、起网

（1）各种网类和笼（兜）类作业起网时，岗位操作人员必须按分工站在操作安全位置，按船长、船副的统一指挥、相互配合，规范有序地进行操作。

（2）对拖船起网：两船必须以较小的转向角，各自向内侧慢慢靠拢。两船平行距离以掠过撇缆为限。收绞曳纲时两边应均匀绞进，并保持曳纲与船尾有一定斜度，适当开车调整；空纲上来后停止绞进，开车拖一下，再继续绞，防止曳纲或网具压入船底；起单脚网时，无特殊情况一般不可动车。处理障碍物时应谨慎，切不可蛮干，以防断索伤人或丢网、损坏设备等事故；起大网头或吃泥时要根据网的重量和鱼类沉浮情况，可采取分吊少动车，船尾卡包（落地卡包）等各项安全措施。当袋筒离水面吊入甲板鱼池时，任何人不准站在鱼池中间。吊网人员必须借浪，把袋筒吊入鱼池，切记袋筒悬空，造成人身事故。

（3）围网起网：后网头钢丝收绞时，网台附近船舶左侧不准站人和进行工作，避免钢丝受力，将人扫入海中。绞底纲时，歪把子（括纲弯杆导向滑轮组）及各种钢丝受力方向不得站人，不准冒险跨越走动的钢丝。钢丝遇故障需排除时，应停绞，而后用足够强度的保险索加以固定。网衣应理清堆匀，浮子要按顺序理清排列，底环要防止漏穿、穿错和套结。

（4）延绳钓起钩时：起钩一般自下风向上风操作，干绳由前甲板的卷扬机进行收绞，干绳与船舶应保持一定的角度，起钩时船舶微速前进，注意干绳不要收得过紧。起线机操作人员要集中注意力，视船速、主绳的松紧程度来及时调节起线机转速，操作过程中还要密切注意摘支线操作人员的工作情况，遇有紧急情况应立即停车并通知船长，防止损机、伤人等事故发生。摘支线操作人员动作要迅速，无鱼的支线要快速摘下，盘好的支线放入筐内，摆放要整齐。

（5）流刺网起网：一般是受风、受流舷起网，如果流缓可按网列原来方向起网，尽可能使网与船分开，不让网具压入船底，防止网衣与螺旋桨相缠。不论人力或机械起网，要分工明确，各负其责，起网时要把网衣、浮、沉子纲盘好；同时按顺序将网具清理好。拔底纲人员，可视网在水中情况及时通知船长用车防止打叶子。风浪天起网要迎着风浪，船长用车时应听从口令，密切配合，不要横浪上网。

（6）各种作业已起上的网具、曳纲和笼（兜）要随上随清理，大风浪中起网更是要清理、固定好，避免人员被其拖坠落水。

（7）起放网操作时船尾必须系好安全保险索。应扶起直滚筒并上好盖板插好保险销子。

（8）在处理各种渔捞事故（打叶子、遇障碍物、单脚网等）的操作中全体船员应保持镇静，在船长统一指挥下，充分研究处理方案，采取有效安全保险措施，严禁盲目蛮干。无潜水设备的船舶，不准派船员进行潜水作业。

（9）起网中如遇大网头或网具损坏等情况必须进行舷外作业时，应尽量选派会游泳的人员，穿妥救生衣，系上安全保险索，在确保人员安全的前提下方能进行，并应有专人协助和监护。

有关网具起、放网作业安全操作规程，详见附录一。

第三节　渔船靠帮时的安全操作规程

渔业生产中，船与船之间靠帮进行装卸货物或补给越来越普遍，还因抢险、急救危重病人、执行公务等紧急情况需要进行人员跳帮过船。在实施靠帮、跳帮操作中，由于船舶受风、流、浪的影响，操作稍有不当，极易发生两船碰撞。两船靠近，则受风浪影响，此起彼伏、来回摇晃，跳帮时，稍有不慎，轻者落海，重者被两船挤压，导致人身事故。因此，严格按靠帮、跳帮安全操作规程实施操作，是避免碰撞和人身伤害事故的关键。

一、靠帮前的准备工作

（1）靠帮前要收拢超出舷外影响靠帮的装置。

（2）靠帮前双方互相联系好，确认靠帮方案，并做好各项准备。

（3）海上能否进行靠帮作业，船长应根据海上实际风力大小确定。实测风力在 6 级（含 6 级）以上禁止卸货、过鲜、补给和人员跳帮。因抢险、急救危重病人、执行公务等特殊需要，不受以上规定的限制，但必须采取相应的安全措施。

二、靠帮时要求

（1）船长在驾驶台负责指挥，助理船副操舵，轮机长在机舱操作，其他人员按离靠码头时的操作分工各司其职；

（2）两船应互相加强联系，驾驶台、机舱、甲板要相互协调，统一步骤；

（3）两船靠帮原则上采用小船靠大船的方法，被靠船要根据风、流选择好方向，靠帮船应充分考虑风、流压对船舶操纵的影响，尽量选择小角度或平行靠帮。风浪较大时必须顺风同向进行，并应放妥各种碰垫，严禁横浪操作；

（4）驾驶室及生活舱两侧严禁站人停留，以防轧伤。

三、解、带缆人员要求

（1）穿救生衣，戴安全帽，按分工站好位置，放妥各种碰垫，做好解带缆工作；

（2）按规定带好艏缆、艏倒缆、尾倒缆，及时调整缆绳松紧程度，使其受力均匀；

（3）严禁站在导缆口、缆桩、钢丝、绳索受力方向；

（4）卸货完毕离帮时，要与运输船协商好离帮方案，一般情况下听从运输船指令，生产船配合，密切注意本船情况，发现问题及时沟通，及时采取有效措施。

四、跳帮时要求

（1）两船间设置安全网，大型船舶还应拉好安全网及绳梯，安全网及绳梯必须安全、牢固、可靠。

（2）跳帮人员均须穿救生衣、戴好安全帽和穿着软底防滑鞋，并在海浪比较平稳时进行跳帮。

（3）两船均应有人监护，协助做好安全护送工作。

（4）严禁人员在两船间随意跨越。

（5）不准乘坐在吊车上的网兜过船，必须乘坐固定的吊篮过船，在风浪较小时操作，并要检查绳索是否完好，吊篮中的人员要穿好救生衣，戴好安全帽，做好一切安全措施。

第四节　装载货安全操作规程

（1）起吊、装卸、堆舱人员必须戴安全帽和正确使用防护用品。

（2）起吊时两船间过驳或在码头上装卸，两边均须有专人指挥。

（3）负责操纵吊车人员要精力集中，听从指挥口令，谨慎操纵。起吊时要注意波浪的影响。

（4）吊机须专人负责操作，其他人员不得擅自替代，如需实习操作，必须经船长和吊机负责人同意，并在旁监护，方可进行。

（5）起吊鱼货时舱口下面禁止站人。装卸、堆仓人员应注意头顶上方，严禁在网兜下方过人或抢运货物。

（6）在过驳过程中，应经常对缆绳加以检查，发现问题，及时处理。

（7）鱼货堆装应逐层堆起，严禁陡直增高，防止鱼货倒塌伤人。

（8）装卸鱼货时舱口安排应保持平衡，做到均匀装载，防止船舶倾侧。严禁超载。

（9）过鲜时滑鱼槽由专人控制操作，传接鱼箱人员必须站在滑鱼槽的两边操作，严禁操作人员与滑鱼槽顶头站立。

第五节　其他方面的安全操作规程

一、登高和舷外作业守则

（1）登高和舷外作业须在船副同意并组织下进行，甲板上须有专人照顾配合。凡在高度超过两米(含两米)或在船舷外部工作时都属这一范围。

（2）登高或在舷外操作前应检查安全带、救生衣、缆索、扶梯、座板、跳板、栏杆等设施，确认牢固后方可作业。登高和舷外作业时，应穿软底鞋，服装要轻便，不得穿棉大衣。

（3）系保险带，保险带系绳的长度应能根据工作需要进行调整。登高作业，应尽量缩短系绳，舷外作业可根据情况将系绳放长至水面。

（4）座板(跳板)作业时，每块座板(跳板)以不超过两人为限，工作中互相提醒，注意安全。保险带系绳和座板(跳板)绳不能系在同一物体上。

（5）登高人员须思想集中，禁止一手拿东西一手攀扶梯，使用的工具和物料应用桶或物袋装妥吊上或送下，禁止上抛下扔。登高人员下方禁止站人，监护人员和附近的工作人员须戴安全帽。

（6）舷外工作时，协助人员须密切配合，调整跳板、移动舢板或其他浮具，传递舷外工作人员需用物品，招呼来往船只慢车，以保证舷外工作人员的安全。

（7）航行和拖网作业中禁止舷外作业，夜间、大风浪天气一般不得登高操作。特殊情况必须登高时，应在船顺风时并在落实好安全措施的情况下，经船长同意后进行。

二、驾驶室守则

（1）驾驶室是船舶航行和生产的指挥室，室内应保持整洁、肃静，无关人员未经许可不得进入(包括海图室)。港内停泊若驾驶室无人时，海图室必须锁闭门窗。

（2）驾驶室和海图室内的所有仪器设备、海图、航海资料及文件等须妥善保管，正确使用，未经驾驶人员同意，无关人员不得动用。

（3）铁器、磁性物件，不可放置或接近磁罗经附近。不得任意移动磁铁棒、软铁球(片)等自差校正器具。

（4）夜间航行或作业，驾驶室的灯光(包括罗经灯、信号指示灯等)必须遮蔽，有碍航行的灯光不得外露。

三、驾驶室机舱联系守则

（1）开航前船长至少应提前两小时将开航时间通知轮机长，并通知驾驶员与机舱核对车钟、试鸣号笛、检查航机，使其保持正常使用状态。配有电罗经船只，出航前两小时通知机舱送电，启动运转。

（2）使用遥控操纵主机转向的船舶，须在停止位3~5秒后才能换向。除紧急避险外，车钟不能从快进立即换快倒，以防机损。

（3）准备进出港、靠离码头、起抛锚、通过复杂海区、遇恶劣天气或执行其他特殊任务时，驾驶室要通知机舱，机舱要加强值班，随时准备采取应变措施。

（4）船舶处于在航状态时，如机舱设备发生故障需停机时，应征得值班驾驶员的同意，方可减速或停机。若发生重大破坏性事故危及人身安全时，可在采取措施时及时通知驾驶室值班驾驶员。

（5）航行仪器、号笛、操舵系统的电源和冷气，必须保持正常连通，未经驾驶台同意，机舱不能擅自断开。

（6）如车钟有故障，可采取电铃、灯光等信号应急使用，其信号含义各船须事先制定，贴在驾驶室和机舱的操作部位附近，但车钟要及时修复。

第二十四章　轮机部门安全操作规程

第一节　轮机管理和应急处理

一、轮机管理

1. 柴油机启动前的检查和准备

（1）对各零件的安装情况和质量的检查：是否存在影响运动零部件运转的松动零件和杂物；各零部件的连接是否完好，该采用保险装置的部位是否有遗漏。

（2）柴油机各系统的启动准备工作：要求各气、水、油、电等管路畅通，须人工加油处加好润滑油。

（3）在启动前应对柴油机进行冲车检查。

2. 柴油机启动后的检查工作

当柴油机启动运转后发现以下任何一种情况，应立即停车检查。

（1）润滑油压力表，启动后 2 分钟之内不起压；

（2）冷却水压力表，启动后 4 分钟之内不起压；

（3）润滑油日用油箱，油位不断明显上升或下降；

（4）柴油机发生飞车或有明显敲击、摩擦声。

柴油机启动后，如无上述不正常情况，就应检查各报警设备是否正常，查看各仪表所指示数值是否在正常的范围之内。

对经过检修或久未使用的柴油机在启动运转 5 分钟之后，应停机对检修部位进行检查，当确认无异后再重新启动柴油机。

3. 柴油机的运行管理

（1）注意检查仪表盘上的压力表的压力和温度表的温度参数是否正常；

（2）经常检查柴油机的油、水位，不足时应及时补充；

（3）定期清洗燃油、润滑油的滤清器；

（4）各运转部位有无不正常响声；

（5）检查喷油泵、喷油器工作状态以及高压油管的脉动频率是否正常；

（6）检查调速器的工作温度和油位，应保持在规定的油标刻度范围内；

（7）涡轮增压器在运转中有无异常声音,轴承的温度是否正常,油液面高度应保持在规定的油标刻度范围内;

（8）柴油机在任何情况下均不允许处于"临界转速"下运转;

（9）正常情况下的航行工况,应采用90%额定转速航行;

（10）主机离合器应在低速时进行操作。

二、柴油机的维护管理

1. 柴油机的暖机工作

暖机时间的长短与柴油机的转速和季节有关,一般来说,低速柴油机的暖机时间为10~15分钟,中、高速柴油机的暖机时间为15~20分钟。冬季的暖机时间比夏季长一些。

2. 寒冷季节机舱内的防冻工作

（1）选用适合季节使用的燃油、润滑油;

（2）保持机舱室内温度,停用柴油机以后应关好门、窗,放尽机体内及系统中的冷却水;

（3）较长时间停用的柴油机,应定期做好动车暖机工作。

3. 怎样判断柴油机润滑油的质量

把润滑油滴在白色的吸墨纸上,若油滴的中央部分没有黑色而全部为褐色时,说明油没有变质。若油滴中央呈灰黑色斑点,说明润滑油已经变质。

三、柴油机在运行中应急处理

柴油机运转中,发生下列情况应立即停车:① 柴油机运转已发生危及人身安全时;② 燃油、滑油管破损,大量油液外泄,造成严重污染并危及主机安全时;③ 曲轴箱爆炸时;④ 确认柴油机运转将会引起重大事故时。

1. 拉缸时的应急处理

（1）若早期发现拉缸,不允许立即停车。应单缸停油降速空载运转,直到过热现象消除,在此过程中切勿同时增加冷却水流。

（2）出现明显摩擦声时,如条件许可临时停车,首先要降低柴油机转速,停车后立即盘车。

2. 曲轴箱爆炸的应急处理

（1）柴油机运转中,发现曲轴箱透气管冒出大量油气,或闻到很浓的油焦味,此时,应迅速减油降速,切勿立即停车。

（2）当曲轴箱已发生爆炸并将防爆门冲开,应立即停车,并通知驾驶室立即采取灭火措施,而且须在停车 15 分钟以后才能打开通道门检查。

3. 柴油机的封缸运行

（1）在航行中某缸发生故障又无法或没有足够的时间修复,但活塞等运动部件仍可正常运动时,通常采取停止向该缸供油的办法来停止该缸工作,保持柴油机继续运转,只停油而不拆除运动部件的封缸运行又称"停缸运行"。

（2）如果活塞、气缸盖或气缸套等部件发生故障无法修复,则除采取单缸停油的措施外,还需拆除活塞连杆组件;封堵该缸的有关油、水、气等管路。

封缸运行时,柴油机运行负荷应小于 55% 额定功率,运行转速应小于 85% 额定转速。封缸后由于增压器的空气输出量减少而导致增压器喘振,则应降低转速使喘振消除。

同时为了确保航行安全,进出港或在狭窄航道航行时不宜采取封缸运行。

4. 柴油机飞车

在遇到飞车时,首先要迅速置加油手柄于"停车"位置进行紧急停车,实在不能立即停车时,可以用关闭燃油阀或封堵柴油机进气口等方法使其停车,然后检查原因并排除故障。

5. 停增压器运转

（1）如果条件不允许停机,发生故障后首先采取降速运转措施,将柴油机降速至无明显震动状态时,维持全部气缸继续工作。

（2）如果航行中没有足够的时间修理或只允许短时间停机,可采取将增压器转子锁住的应急措施,并使柴油机维持低速运转。

（3）如果需要继续较长时间航行且海况允许,应拆除增压器内所有转动零部件,用封闭盖板封闭有关通道,使燃气经由空的涡轮壳通往排气总管排出,减少吸气阻力,保持增压器壳体内的冷却水畅通,切断润滑油供给,以保证柴油机仍可继续低速运转。

对停增压器时的柴油机运行参数应限制在规定范围:柴油机应在最高输出功率为 ≤25% 额定功率、最高转速为 ≤63% 额定转速的范围内运行。

第二节　安全操作注意事项

一、防火、防爆

1. 船员防火、防爆守则

（1）自觉遵守与防火、防爆有关的安全操作规程和有关规定,发现任何不安全因素时,每个船员均有责任及时向上级报告,对违章行为,人人有责任及时制止。

（2）禁止在机舱、物料间、储藏室内吸烟，卧室内禁止睡在床上吸烟，易燃、易爆物品必须集中保管，不得私自存放，严禁玩弄救生信号弹。

（3）保持电路的绝缘良好。禁止私自使用移动式明火电炉，使用电水壶、电烙铁等电热器具时，必须有人看管，离开时一定要拔掉插头或切断电源；不准私拆、私拉、私接电线，不准用纸或布遮电灯，不准在电热器具上烘烤衣服。

（4）加强对油柜和油路系统的管理。加装燃料时应有专人负责，防止滴、跑、漏，禁止在甲板上吸烟，加装燃料时附近发生火灾或雷电天气，应立即停止加油。

（5）定期检验机械安全设备。如空气瓶、柴油机气缸盖等处安全阀，均应由船舶检验部门定期检验铅封。

（6）消防系统及器材随时处于即用状态。加强船员防火、防爆的安全教育和消防训练，做好应变部署。

2. 机舱明火作业时注意事项

（1）明火作业前

① 对明火作业现场的易燃物和易爆品进行清理、移除。明火作业现场必须通风良好，远离油舱、油柜透气管 1 米以外。准备好消防灭火器材。

② 油柜、油舱、油箱在焊补前必须要彻底清洗、通风，有条件则应经可燃气体测爆仪测定可燃气体浓度，可燃气体浓度不超过规定值方可施焊。

③ 如焊补油管，最好将管子拆下，放净管内油液。若条件不许可，则应将管子的一端法兰拆除，放净管内油液后方可施焊。

④ 报经有关部门领导同意后方可明火作业。

（2）明火作业后

① 彻底清理施工现场，把高温点或火星用水或灭火器扑灭。

② 在确认无导火致燃的情况下，看火人员方可离开现场，过后在一小时内必须到现场巡视检查，防止死灰复燃。

二、生产作业安全事项

1. 钻床、钳工作业时的安全注意事项

（1）禁止使用手柄不牢的手锤。

（2）砂轮机作业时，操作人员应戴好防护眼镜和口罩，并与砂轮旋转方向略偏一角度。

（3）钻床作业时应严格遵守操作规程，工件应夹持牢固，夹头扳手用完应立即取下。操作者衣着要紧身，袖口要扣好，戴好防护眼镜，禁止戴手套操作。

2. 吊运作业时的安全注意事项

（1）严禁超负荷使用起吊工具，在吊运部件或较重的物件前，应认真检查起吊工具、吊索、吊钩及受吊处,确认牢固可靠方可吊运。

（2）起吊时,应先用低速将吊索绷紧,然后摇晃绳索,注意观察起吊是否牢固、均衡,起吊物是否松动,再慢慢起吊。

（3）在吊运过程中,禁止任何人在其下方通过,非必要情况也不得在吊起的部件下方进行工作。

3. 船舶油、电、气灶使用安全注意事项

（1）船舶油、电、气灶的使用由炊事员负责,其他人未经允许一律不得使用。

（2）随时检查油灶下是否存油并及时清理,存油情况下油灶不准点火使用。

① 使用油灶时,油量一定要适当控制,不能过大,以免引起灶外起火;

② 油灶使用完毕一定要关闭油门,决不允许留火,油灶开启时不得离人。

（3）电灶使用完毕后,必须即刻切断电源,使用过程中不得离人。轮机人员应经常对电灶电路系统进行检查,保证供电系统安全。

（4）液化气罐存放位置一定要远离易燃、高温场所,附近要设灭火器。

① 使用液化气灶时,首先要检查管路、减压阀有无漏气,使用中不得离人。

② 使用完毕后,应先关闭液化气罐总阀,再关闭灶阀,经检查无异常现象存在后,使用人员方可离开。

③ 更换液化气罐时,要注意轻卸轻放,严禁滚动、抛离。

④ 严禁私自处理液化气残液。

第三节　船舶安全航行中的轮机管理

一、船舶航行安全措施

1. 大风浪及恶劣天气航行,轮机部安全管理事项

（1）主、副机保持良好工作状态:

① 轮机员不得经常性远离操纵室进行巡回检查,注意主机转速变化,防止主机飞车和增压器喘振,认真执行船长和轮机长的命令;

② 根据海上风浪、船舶摇摆情况以及主机负荷变化的情况,为防止顺风时飞车、顶风时主机超负荷,轮机长应适当降低负荷。

（2）及时安排船员将机舱管辖范围的门窗、通风道关好,将机舱的工具、备件和可移动的物料油桶等绑扎好。

（3）尽量将分散在各燃油舱柜的燃油驳到几个或少数燃油舱（柜）中去,以减少燃油舱的自由液面,并保持左右舷存油平衡,防止倾斜。同时注意:

① 日用油柜要及时放残水,并保持较高的油位和适当的油温;

② 注意主、副机燃油系统的压力,勤清洗燃油滤清器,以避免燃油滤清器堵塞而影响供油;

③ 主机润滑油循环油柜的油量应保持正常,不可过少。

(4) 换用低位海底阀,勤查勤洗滤清器,保证冷却水的供应;机舱舱底水要及时处理。

2. 船舶在浅水区或狭窄航道航行

(1) 船舶由深水进入浅水航行时,发现主机负荷变化异常时,在采取措施之前应主动向驾驶室询问情况。

(2) 进入浅水区航行,应及时换用高位海底阀。

(3) 应尽量避免配电板操作和使用大功率设备。

3. 轮机部防台安全措施

(1) 在台风发生区域和盛行季节,港口停泊的船舶应保持2/3船员留船。

(2) 轮机部必须会同甲板部,对系泊设备、操舵设备、助航仪器设备、通信设备、排水设备、海损急救设备等进行检查。

(3) 出航前,按航区情况备足燃油、润滑油等。

(4) 停泊或检修船舶,服从当地领导机关指挥,自行做好防台工作,厂修船舶应贯彻厂船结合,以厂为主,搞好防台工作。

二、轮机部门在船舶航行中的应急处理

1. 机舱进水的应急处理

(1) 机舱进水压力较小且面积不大,可采用密堵顶压法或水泥封堵法堵漏;

(2) 进水面积较大,可用堵漏毯封堵后再做内堵处理;

(3) 进水部位是地轴弄或舵机舱等单独舱室,进水确又无法堵漏时,可采取单独封闭舱室法使其与相邻舱室隔离。

(4) 破损面积较大且堵不胜堵,又危及主、辅机的安全运转甚至人身安全时,应及时报告船长,要求停机、停电和撤离现场。如自救失败需弃船,应听从船长命令,按规定作弃船行动:

① 当车钟摇第一次"完车"时,轮机部应做好机、电设备的熄火、放气、停车等弃船安全防护工作;

② 当车钟摇第二次"完车"时,立即撤离机舱;

③ 轮机长应携带《轮机日志》《车钟记录簿》等重要文件最后离开机舱。

2. 船舶发生搁浅、擦底后的应急处理

（1）船舶发生搁浅后,轮机长必须立即进机舱。首先对主机进行立即降速运行的应急处理,并换用高位海底阀;使用机动操纵转速。

（2）检查冷却水的压力和温度,发现冷却水管有堵塞现象,应及时清洗海水滤清器和尽可能地疏通堵塞的冷却水管路。

（3）若造成船体破损或进水,应根据实际情况按碰撞和进水的应急措施处理。

（4）脱浅后应进行轴系、舵系的检查。

（5）记录事故经过与情况。

3. 柴油机冷却不良或中断、气缸过热时的应急处置

（1）立即减速慢车空载运行,若为个别缸过热,应停止该缸供油;

（2）逐渐少量增加气缸的冷却水量,使气缸逐渐冷却。

第四节　安全用电守则

一、安全用电常识

（1）在检修电气设备前应先断开电源,确认无电后才能进行工作。

（2）停电工作时,必须在切断电源的开关上挂有"有人工作、不准合闸"的警告牌,挂有警告牌的开关,未经挂牌人同意,在任何情况下不得合闸。

（3）严格遵守船舶有关安全电压的使用规定:

① 检修机电设备的手提照明行灯的电源电压不超过 36 V;

② 交流制船舶的各种航行灯,必须采用低压电源,一般不超过 12 V;

③ 检修机电设备的照明行灯应采用防爆型。

（4）临时用电线路及设备,绝缘必须良好,接头包扎严密,裸露的带电部分应装于不易触及的地方。

（5）船用电器要注意防潮湿、防粉尘、防盐雾、防霉菌和防油雾;要经常对电气设备的绝缘电阻进行测量。

（6）保险丝的容量必须合理选择。

二、人员发生触电时的现场抢救措施

首先必须采取就地、分秒必争、及时正确、毫不间断地现场抢救,同时向有关单位告急。

（1）施救人员应尽快拉断触电的电源开关或拿掉熔断器切断触电电源,或采用绝缘的物品使触电人员与电源分离,防止加重触电者伤害和触电范围扩大。

（2）对有呼吸、无心跳的人员应采用胸外心脏按压法施救。

（3）对呼吸、心跳均没有的人员应同时采用胸外心脏按压和人工呼吸进行施救。

（4）电灼伤创面要消毒包扎，以减少污染。创面周围皮肤最好用碘伏、酒精处理后用油纱布包扎，加盖消毒敷料。

渔船水上事故典型案例分析

渔船在水上航行、生产时,由于操作者的不安全行为和船舶、环境的不安全状态,时常发生水上事故,给国家和人民生命财产造成很大损失。只有对渔船水上事故进行全面分析,才能找出发生事故的规律,查出事故原因,吸取教训,采取有效措施,防止事故重复发生,这对保障渔业生产的安全,具有重要的意义。

第二十五章　渔船水上事故特征和原因

第一节　渔船水上事故特征

一、事故类型特征

(1)碰撞、风灾、自沉、触损、火灾等事故的比例较大,其中又以碰撞事故为主。根据一些重点渔区统计,碰撞事故占事故总数的60%以上,碰撞事故中商船与渔船之间碰撞,在渔船碰撞事故总数中占70%以上。碰撞事故大多数发生在夜间或能见度差的海域,与航行中疏于瞭望,锚泊时候未按规定显示号灯、号型,在商船习惯航线上抛锚或作业,盲目穿越分道通航的分隔带有关。

(2)风灾事故大都发生在寒潮、风暴潮、台风季节,部分小功率、抗风能力差的小型或木质渔船冒风出海,对天气、海况估计不足,造成船舶沉没或失踪居多。

(3)自沉事故主要是船舶建造、维修不良,船舶配载不当造成的,又与单船航行作业,或者与其他船舶相距较远,缺少通信联络,造成救助困难有关,人员死亡率较高。

(4)火灾事故主要是渔民消防意识不强,渔船停泊值班不到位,渔船电路老化以及电、气焊作业管理疏漏等原因导致的。

另外,生产作业过程中人员落水而淹溺死亡或被网机、网具、绳索绞伤等事故多发,呈逐年上升趋势。

二、事故船舶特征

(1)渔业主管部门的统计分析:发生事故的渔船中,拖网渔船的事故率最高,其次是其他渔具(包括蟹笼等)渔船和流网作业船。它们大多缺少基本的导航及安全设备,存在超航区、超抗风能力航行作业现象,并多与商船航道交叉,易发生与商船碰撞事故,是事故多发的主要群体。

(2)渔业运输船舶死亡率较高。有的渔业运输船舶是由捕捞船舶改造而成,无载重限量和载重线标志,盲目超载,又缺少编队联组,导致沉船事故多发且不能得到及时救助。

(3)木质渔船事故较多。木质渔船大多采用流刺网、锚流网或蟹笼作业,有的渔船把网具、锚、蟹笼等工具或水箱、水桶和渔箱等物资直接放在甲板或艏部使船舶重心升高,稳性下降;有的把渔获物放在舱内,未加纵向隔舱形成动载;还有的装载海蜇或是加泵活鱼海水,特别是在半舱的装载情况下所形成的自由液面对渔船的稳性影响极为严重,容易导致船舶倾覆事故。

三、事故时间特征

事故时间带有明显季节性特点,每年3~6月冷暖空气对流频繁,海上时常产生大雾,渔船在能见度不良环境下航行作业,极易发生碰撞、触礁和搁浅等事故。每年11月至次年3月,北方寒潮、大风、雨雪屡屡侵袭,风暴潮、台风期间,又恰逢天文大潮,使渔船风灾事故多发。南方7~9月受副热带高压影响,东南沿海频遭热带气旋侵袭,区域性范围大、预测难,渔船防备不足,事故容易发生。伏季休渔、春节期间和渔船停港期间,渔船事故发生率大大降低。

第二节　渔船水上事故原因

渔船发生水上事故的原因比较复杂,从人员、船舶、环境及管理等方面分析,主要存在以下问题。

一、安全意识淡薄,思想麻痹大意

在渔业生产过程中,忽视安全的思想相当严重,船员不懂得生产与安全的关系,不履行安全责任,不按规定配备安全设备,在恶劣天气航行或在甲板上作业时不穿救生衣,对自己采取不负责任的态度。往往由于安全意识淡薄,思想麻痹大意,造成人身伤亡事故。

二、船员素质偏低,法制观念薄弱

(1)一些职务船员缺乏航海技术和船舶操作技能,不懂港航法规、必要的安全知识和主机维护保养知识,不适应海洋捕捞生产的特殊性。

(2)渔船船员结构发生了很大变化,传统渔民呈老龄化并逐步转移到其他行业,而其子女很少上船;大量内地非渔民下海捕鱼并且流动频繁,部分渔区外来务工人员已达一半以上,有的甚至高达80%,还有的渔船除职务船员外全为外来人员。有的船东为出海临时雇佣一些未经培训的外来新船员。这些外来人员大多文化程度较低,从未出过海,没有海上生活实践,缺乏渔捞生产技能和经验,安全意识差,法制观念薄弱,使安全隐患进一步加大。

（3）由于经济体制因素,个体及联户渔船因丰歉和分配不当等原因解体组合,船员变动频繁、分配不均,加剧了一些渔船上职务船员的空缺。

（4）无证船上的船员未经专门培训、考核,擅自代理船长、轮机长等职务。有的以低一级职务代替高一级职务,严重危及渔船及船员的安全。

（5）有的职务船员因有事不能出海,怕影响生产,由船员代替出海。有的渔船应付港口签证和检查,借职务证书,冒名顶替。

三、违章蛮干,存在侥幸心理

在渔业生产中,渔民存在侥幸心理的现象相当严重,明知违反操作规程、安全规章会造成事故,但为拼命赚钱,置国家法律、港航法律于不顾,主要表现:

（1）超航区、超抗风力等级冒险出海生产。明知有大风仍然出海。

（2）超载或装载不合理,在生产形势好的情况下,不顾船舶载重量、装满渔货后甲板与水面几乎相平。装载图省事、省力、全部装在甲板,使稳性变差,如遇大风,后果不堪设想。

（3）不按规定配备安全救生设备和消防设备。

（4）未经有关部门批准,私自载人出海游玩、赶小海、生产。

（5）发现渔船漏水和机械设备故障不及时采取措施而盲目出海生产。

四、疏忽大意,没有按照有关规定或规则履行责任

（1）在航行、作业中没有保持正规瞭望;对碰撞危险不作充分估计;没有按规定使用安全航速、鸣放声号,没有按规定进行果断、有效地避让等。

（2）渔船在航行或锚泊地,不按规定显示号灯、号型。航行时聊天,在海上锚泊或在港口停泊时无人值班,或在舱内睡觉。

（3）不注意收听气象预报。

五、渔船作业环境变化对安全生产威胁加大

我国水上交通运输业的快速发展,船舶数量增加,密度加大,渔船的传统作业渔场与海运航线交叉重叠,增加了渔船与商船碰撞风险。这类碰撞事故究其原因如下。

1. 渔船值班人员离岗或未按要求保持正规瞭望

为了经济利益,只顾生产,不顾安全,值班人员得不到足够的休息,值班时打瞌睡等现象在一些渔船上时有发生,从而未能保持正规瞭望。或者瞭望不当,未能用一切有效手段及早发现来船,加之紧急情况下措施不当而发生碰撞。

2. 渔船未按规定显示正确的号灯、号型

航行作业中渔船不按规定显示号灯、号型是经常可见的。有的甚至夜间锚泊也不显示号灯；有的虽已显示号灯，但连船员自己也不明白号灯的意义；有的渔船挂上各色环照灯，使他船无法了解其意图，因而无法按避碰规则进行避让；一些渔船正常航行时喜欢开启甲板强光灯，使号灯可视距离受到影响，容易使他船对其动态产生误判。还有的渔船号灯、号型配备欠缺或与有关要求相差甚远，严重影响了渔船航行作业的安全。

3. 渔船不按规定鸣放声响信号

渔船不鸣放声响信号的现象比较普遍，特别在能见度不良水域中也难以听到渔船鸣放的雾号，这样就不能被他船用及早发现，可能导致严重后果。

第二十六章 渔船水上事故案例及预防措施

第一节 渔船水上事故案例分析

一、航行作业中的事故案例

案例一

某渔船,主机功率31.6千瓦。1991年10月3日同其他船到盘锦拉蚬子。于10月5日到达北海港,发现船漏水未采取措施。10月6日零时左右,当航行到瓦房店孤山西北约5海里处,海面突然刮起大风,并下暴雨(据当地渔民介绍,东南风7~8级)。由于该船船长才任职几个月,当遭遇大风袭击后,操纵不当,造成缠摆,虽点火求救,因风力太大,其他船顾及不上,最终,船只失控倾覆,船上4人全部失踪。

事故分析

本起事故的主要原因是该船船长缺乏航海技术和船舶操作技能,在突然来临的大风浪面前难以应对,最终因操纵不当,船舶缠摆,导致船舶失控倾覆,造成船沉人亡的重大海损事故。

案例二

1997年11月12日,海上能见度良好。粤×渔船返航,航向为270°,当发现右前方有一艘货轮(G轮)驶近时,仍保持原航向、原航速航行,后意识到有碰撞危险时,才向右改变航向为320~350°,准备从G轮船艉通过,因未及早采取减速等有效措施,其船艏与G轮船艉碰撞。而G轮是上海驶往香港的4 000总吨的钢质集装箱货轮。当时航向220°,航速14节,船副值班。当发现左前方粤×渔船驶来后,从17:47时至17:55时的8分钟内先后3次向右改变航向,从原220°转成300°,但未减速,在最后一次向右改变航向避让时,船左艉部与粤×渔船船艏发生碰撞,导致粤×渔船船舶沉没。所幸人员全部脱险。

事故分析

(1)双方在瞭望上的疏忽,未能在第一时间发现来船,直至两船形成紧迫局面后才互见,失去了避让的最佳时机。

(2)双方措施不当。粤×渔船发现来船时,两船已处于交叉相遇局面。根据《国际海上避碰规则》第15条规定,粤×渔船为交叉相遇中的让路船。承担为G轮让路的责任。但因其瞭望疏忽,发现来船已近,仍未减速或转向,错失安全会船的最佳时机,若按《国际海上避碰规则》采取大幅度转向避让或采取停车、倒转螺旋桨把船停住的措施,也许本起事故可以避免,至少可以减轻事故所造成的损失。

G 轮虽为直航船,但因发现两船交会的距离已小于 2 海里,失去了《国际海上避碰规则》第 17 条第 1 款第(1)项赋予的保速、保向的权利,应按《国际海上避碰规则》第 17 条第 1 款第 2 项规定:在让路船显然没有按规定采取适当的行动时,为避免碰撞可通过鸣放号笛等提醒来船注意,并独自采取避碰的操纵行动。但 G 轮在避让中没有果断地采取一次性、大幅度的转向或减速避让的行动,以致在多次小角度的转向过程中船艉撞沉他船。

(3)本案经法庭审理,最后判决粤×渔船承担 60% 的事故责任,G 轮承担 40% 的事故责任。

二、生产作业中的事故案例

案例三

2005 年 2 月 24 日,辽×渔船(船长 21 米,型宽 4.09 米,型深 1 米,52 总吨,从事流刺网作业)与同村渔船从葫芦岛市绥中县高岭盐滩码头出航,赴渔场从事捕捞生产。所捕渔获物销售给海上收鲜的船舶。

2005 年 3 月 24 日 10:00 时,气象预报该海域偏北风 7~9 级,阵风 10 级。在 181 渔区 4/7 小区作业的辽×渔船与同村 30 余艘渔船为抗大风,停止作业,原地抛锚。当日 16:00 时,风力逐渐增强,夜间增至阵风 10 级。25 日早晨,风力减弱,同村渔船已联系不上辽×渔船,于是纷纷起锚寻找。07:30 时许,在辽×渔船锚泊位置以南 4 海里处发现已倾覆的辽×渔船,该船驾驶室及后甲板房间已被风浪击损。11:00 时许,在辽×渔船锚泊位置附近搜寻到已死亡的该船船长,其他 3 名船员仍未见踪影。

事故分析

(1)该船超抗风等级是船舶倾覆的主要原因。

(2)该船所捕渔获物销售给海上收鲜船,舱空船轻,加上流刺网网具堆在甲板一侧,造成重心上移旁偏,严重影响船舶的安全稳性,在大风的作用下,操作不当加剧了船舶倾覆的可能。

案例四

某渔船,私自搭客装载 26 人,其中核定船员 5 人。与 1986 年 8 月 31 日至 9 月 1 日在李店海域捕捞兰蛤(对虾饵料),共捕捞 117 袋,每袋约 4.5 kg,全部装在甲板上。在返航途中,由于瞭望疏忽和船长操纵不当,造成搁浅事故。由于受风浪影响,船只蹾底倾侧,舱内进水,船舶下沉,造成 15 人因冻、饿失去自控能力,落水失踪或溺水死亡。

事故分析

(1)航行瞭望疏忽和船长操作不当,导致船舶搁浅是造成本起重大事故的主要原因。

(2)该船装载不合理,所捕兰蛤全部装在甲板上,搁浅时受风浪影响,船只蹾底倾侧,导致舱内进水,船舶下沉事故。

(3)严重违反港航有关法规,除核定的船员 5 人外,私自搭客 21 人,在本起事故中造成 15 人落水失踪或淹溺死亡的重大人员伤亡事故。

三、锚泊作业中的事故案例

案例五

某 2798 号船同 6729 号船于 1991 年 12 月 10 日,在薪岛避风。两船帮靠在一起,因风大、海面有浪,怕船碰坏,2798 号用缆绑在 6729 号船尾部。人员全部下舱睡觉,无人值班。晚 6 时左右,风向由南风转为北风,风力达 6~7 级。6729 号船拖锚,造成系在尾部的 2798 号船尾部撞到水下的礁石上,船尾底板被撞坏,机舱及艉部进水,船开始下沉,人员虽被救,但船沉没。

事故分析

(1)该船没有按照有关规定或规则履行职责,在岛屿锚泊避风期间,不注意收听气象预报,不仅无人值班,而且全部下舱睡觉,置船舶可能存在的危险于不顾,是本起事故的主要原因。

(2)明知避风锚地有风浪,怕船碰坏不是去另择锚位抛锚以策安全,而是将船绑在 6729 船的艉部,放弃职守。最后 6729 船的拖锚,使其触礁船损而沉没,遭受更大的损失。

第二节　渔船水上事故预防措施

一、渔船安全管理存在的薄弱环节

(1)渔船所有制结构和渔业生产经营方式,以个体经济为主,组织化程度低,小型渔船、木质渔船、老旧渔船数量多,并生产分散、面广、线长,抵御风险能力低,增加了管理难度和救助难度。

(2)"三无"和"三证不齐船舶"监管不到位,严重影响水上生产秩序、通航秩序和安全秩序,成为渔业安全生产重大隐患。

(3)现有渔船大部分是个体经营,一家一户单船作业,渔船编队联组制度没有落实,难以适应海洋捕捞的特殊性,使安全风险加大。

(4)有的乡镇、村落的渔船安全管理网络不健全,安全工作无人抓,出现纵向断档,横向自流,缺少自我管理、自我约束的渔民民间组织。

(5)渔业安全管理机构力量有限,监督管理装备落后,安全基础设施滞后。

二、渔船水上事故预防措施

(1)船长是渔船安全关键,是渔船安全第一责任人,应带头和督促全体船员遵章守纪,严格执行各项安全管理制度、操作规程,及时消除和处理违章现象。

(2)提高船员素质,首先从提高职务船员素质抓起,严格职务船员培训,改革考试和发证制度,培养职务船员实际操作能力和应急处理能力。

(3)加强安全教育培训,实行全员持证上岗,定期进行救生消防应急演练。

（4）抓好船舶通信导航、救生消防等设备、设施的维护保养,保持通信畅通,发现应急情况及时报警,并全力自救互救。

（5）航行中要充分利用航行仪器、海图资料,及时、准确对船舶进行定位,确保航行安全。

（6）强化船舶值班瞭望,严格遵守《国际海上避碰规则》,正确显示号灯、号型、声号,发生碰撞紧迫局面时,要采取正确的避碰行动。

（7）认真落实锚泊值班制度,随时检查并保证锚泊号灯、号型处于正常工作状态,不在航道、禁锚水域锚泊。

（8）每天按时收听天气预报,密切注意天气变化,并根据天气状况和本船抗风等级安排好生产作业。

（9）严格编队联组,保证同出同归,做到不超风级、不超航区、不超载浮载。

（10）搞好船舶法定检验,经常开展安全自查,发现安全隐患立即向船东报告并及时纠正。

（11）船舶进出渔港,主动接受渔港监督部门港口监督、安全检查、船舶签证,积极配合将事故隐患消灭在渔港码头。

第八篇

船员心理健康

在人、船、环境所构成的安全体系中,人是最重要的因素,是保证船舶安全营运的关键。船员是一个特殊的职业群体,在航海素质要求中,身体素质是前提,专业素质是关键,而心理素质是保障。尽管资料、数据来源和角度不同,但大多数人都认同这样一个结论,即80%以上的事故是由于人为失误造成的。而诸多的人为因素中,船员的不良心理因素是产生失误的主要原因之一。船员的精神健康状况不佳不仅会影响船员个人的工作生活,而且有可能对其所在部门甚至全船人员的情绪和工作状态都形成一定影响,进而对船舶的航行安全构成威胁。船员长期在海上工作,特别是作为终身职业的,一生中约有2/3的时间是在海上度过的。学习和了解心理健康方面的知识,有助于船员提高综合素质,应对各种现实问题。

第二十七章　船员心理健康

第一节　船员心理健康的概念和标准

一、心理健康的概念和标准

健康是人类生存和发展的最基本条件,是人生第一财富。可是什么是健康呢? 有人说无病就是健康,也有人说身体强壮就是健康。其实,健康的概念远非人们理解的这么简单。世界卫生组织在20世纪40年代提出:"健康是一种完全的生理、心理和社会完善状态,而非仅仅是疾病和虚弱的缺乏"。世界卫生组织将健康限定在生理、心理和社会三个方面。这个解释是一个比较全面的解释,多年来人们一直用这个解释去评价人们的健康状态。20世纪70年代后期,许多学者对此进行了反思,认为这个解释是一个过于理想化的解释,依据此解释,没有人会是健康的。在世界卫生组织关于健康三分法的基础上,"整体健康观"被现代人所认同。整体健康观在原有三方面的基础上,又增加了两个重要方面:智力和精神方面。智力方面主要是指人们认识事物和创造性的水平;精神方面主要是指人们的精神面貌和精神状态。这样,健康就包括生理、心理、社会、智力和精神五个方面的内容。20世纪80年代汤纳特尔等认为,健康要符合现代人的实际,健康也是一个变化的过程,他们提出"健康是个体在现实可能状态下获得最佳完善感",尽管并非人人都可以达到完全健康水平,但人们可以通过努力获得最佳健康水平。这种健康水平不仅仅是生理方面的,也包括社会关系和日常的生活方式。他将健康的水平划分为三种状态,每一个状态又有水平的高低。这三个状态分别是疾病状态、一般状态和理想状态。第一是疾病状态,也是最低水平,如果所患疾病是不可抗拒的,就会导致最差的健康水平——死亡;第二是一般人的健康状态,其在智力、生理适应性、情绪适应性、活力水平应付水平等方面存在差异;第三是比较理想的水平,也是最佳的生理和心理健康水平,是个体希望达到的水平。处于第二个健康水平的人很多,或者说绝大部分的人都处于第二水平,但只要人们通过一定方式进行调整,都可以逐渐获得最佳的健康水平。尽管人们对健康的理解有所不同,但总的趋势还是一致的:健康是人们在生理、心理和社会三个方面所获得的一种稳定、和谐和完善的状态。

1. 心理健康的表现

(1)智力正常。智力是人的注意力、观察力、记忆力、想象力、思维力和实践活动能力的综合,是大脑活动整体功能的表现,而不是某种单一心理成分。智力正常是一个人生活、学习、工作的最基本的心理条件。

(2)情绪健康。情绪健康包括以下内容:对情绪的正确认知;对引发情绪原因的明确;情绪的作用时间随客观情况变化而转移;情绪稳定;有一定的控制情绪能力;心情愉快作为主导。

(3)意志健康。它包括意志的自觉性、意志的果断性、意志的坚持性。

(4)良好的自我认知能力。它包括能适当地评估自我能力,能接纳自己的一切,好坏优劣都如此,具有适度的自尊心、安全感、社会责任感,具有自我激励能力。

(5)良好的社会适应能力。能客观地知觉现实和接受现实、良好的行为协调能力、良好的人际关系。

(6)心理行为特点符合年龄标准。即心理年龄和生理年龄较一致,不会出现太大偏差。

(7)性生活和谐。

2. 心理异常的表现

心理异常诊断与统计手册对心理异常是这样规定的:"产生于个体身上或与当前心理压力(如心理痛苦)或无能力(如损害一个或多个功能)联系的,或显著增加死亡、痛苦、无能力或自由的危险的,且有临床显著行为和心理症候群或行为方式的状态,为心理异常。"通过上述定义,可以看出心理异常的特性:首先,心理异常是个体性的。心理异常尽管也会出现传染性的群体现象,但就一般来讲,大部分是个体性的。其次心理异常的诱因是个体遇到了特殊的压力事件,如巨大压力等。第三,压力性事件是当事人当前不能独立克服的。当事人经过自己有意无意的努力,自身仍不能应对。第四,由此而产生的心理反应有潜在的严重后果。心理疾病表现为个体对生活不适应,个别的可能会出现自杀等,增加死亡的可能性。第五,这些异常行为的后果使个体的功能性丧失。功能性丧失指在一个或多个生活方面的功能受到干扰或限制,包括日常生活技能方面,如吃饭、穿衣等;也包括日常生活的管理方面,如金钱管理、社区活动等;还包括当事人的家庭、职业和教育等多个领域。心理异常时的主观感受是判断心理状况的一个重要指标。

我国一些学者认为,心理异常产生的时候,个体常常(而不是绝对)出现以下一些特征:① 痛苦感。在心理异常时个体常常会出现明显的难受感觉,情绪低落,心里烦躁。② 生理和心理功能紊乱。在心理异常的时候,人的生理和心理功能受到损伤,二者的平衡状态被打乱,表现在该休息时不能进行很好的休息,该工作时又不能进入良好的工作状态。③ 心理异常时个体关注的重心往往不再是周围世界,而是自身,过度地关注自身的各种问题并为此而苦恼。④ 异常心理固着。心理固着是指个体在一定时期内为某种想法所困扰,不知如何处理,又无法排解的心理现象。异常心理的临床症状特征表现为:一是症状的出现不受意识控制。如强迫症、社交焦虑等异常心理的表现,是自发的行为,不受意识控制,不是想出现就出现,想避免就能避免的。二是症状的内容与周围客观环境不相称。如幻视中,把猫看成老虎,把老鼠看的比大象还大。经常自言自语,与"虚无的人"对话,都不符合客观环境的原型。三是症状会给人带来不同程度的社会功能损害。如长期焦虑,影响了人的正常工作;社交恐惧,影响了人的正常社会交往等。

3. 心理健康与心理异常的区分

基于一定的理论或标准而确定正常或异常,主要包括以下几个方面:① 统计学标准。将那些很少发生的行为界定为不正常。实际上社会行为规范标准也符合这一点。② 偏离理想标准的状态。人本主义心理学派认为,人应该有积极的社会目标,要自我实现,如果没有这样的自我实现或创造,就是不正常的;精神分析心理学派认为,心理动力要平衡,如果不平衡,就会不正常;有些心理学家认为,成熟的人要有竞争力、有自主性,能够抵抗压力,如果没有这些,就是不正常。③ 文化标准。此观点认为,一个人的心理是否正常要看这个人所处的时代和文化背景。比如,对儿童多动症的认识,中国的父母、教师,甚至医生都容易夸大儿童的多动行为,许多在我国诊断为儿童多动症的儿童如果按照美国的诊断标准,都不够多动症的条件。其根源在于中国文化对儿童多动症的认定标准要低于美国文化。

基于临床实践和实用主义的标准,主要体现在以下几个方面:① 主观痛苦感。它主要是以个人的心理体验为标准,来判定心理正常或异常。自我感觉良好,没有心理不适,就是健康的,否则就是心理不健康。② 功能丧失。它主要是以社会适应为标准,来判定心理是否健康。能够顺利适应社会者,就是健康的,否则就是不健康的。也就是说如果个体不能正确处理应当能处理的生活、工作等,则被认为是不正常的。如学生不能学习,家庭不能和谐,就被认为是不正常的。此外,功能丧失的比较可能还有一个方面,就是与个体的潜能比较。如果一名学生的智商高于140,但他却学习不好,可能就有一定的问题。因此,区别正常与异常心理的基本原则是:一是心理与环境的统一性。它包括是否符合环境对他的要求,是否能为常人所理解,是否符合社会文化准则。二是心理活动的完整性与协调性。它包括是否具备基本而完整的心理功能,如智力、情绪、意志是否正常,心理活动的是否协调,各心理功能能否相互作用,共同完成心理活动。

二、船员心理健康标准

结合心理健康的评定标准,考虑到航海工作的实际,我们认为:船员的心理健康是指船员在生活、学习和工作中表现出来的积极向上的心理状态,是多种心理因素的统一,表现为经常性的内心活动与外显行为相一致。

依据船员心理健康的含义,可以将船员心理健康的标准归纳为以下几个方面。

(1)具有正常的智力。智力正常是心理健康的必要条件,是心理健康的首要标准。

(2)有积极的自我观念,正确认识自己。它包括能悦纳自己,能够体验自己存在的价值,对自己的优势、发展潜力以及自己的劣势和发展障碍都有正确的自我评价。能面对并处理好日常生活和工作中遇到的各种挑战;虽然有时也可能会遇到不顺意,也并非总为他人所喜爱,但积极的自我观念总是占优势。

(3)能协调和控制情绪,保持良好心境。悲、忧、愁、怒等情绪是船员经常会遇到的,但一个心理健康的船员,能适度地表达和控制自己的情绪,在社会交往中,既不妄自尊大,也不畏惧退缩。对自己无法得到的东西不过于贪求,在社会允许的范围内满足自己的各种需要,保持愉快和稳定的情绪,从而使自己心胸开阔,乐观热情,把握现实,正确对待成功和失败。

(4)有坚强的意志。工作的艰巨性和重复性,就决定了心理健康的船员要具备坚忍不拔的毅力和百折不挠的精神。能够长时间专注于某项任务,面对各种诱惑,能有效地进行自我控制。面对突发事件,善于分析情况,决策果断,有相当的心理承受能力。

(5)保持和谐的人际关系。工作的特殊性就决定了船员必须要认识到在特殊环境中与他人交往对船员工作的重要性和作用,同时,返回陆地时,如何做好与环境的切换协调,被他人所理解,被他人和集体所接纳,保持良好的人际关系。

(6)有良好的适应能力。船员应该对自然环境和社会环境具备较强的适应能力。无论环境多么恶劣、复杂、多变,都应该正确认识周围环境,并能主动去适应它,而不是逃避。面对生活、学习和工作中的各种困难和挑战,能够充分相信自己,勇敢地面对现实。

(7)具有完整的人格。心理健康的船员,其人格结构的各方面能够平衡发展,需要、兴趣、动机、理想、信念价值观和世界观等方面与外显行为保持和谐统一;人格的各个结构不存在明显的缺陷与偏差;具有清醒的自我意识;以积极进取的人生观作为人格的核心。

三、船员常见的心理障碍

1. 精神分裂症

精神分裂症是一组病因未明的精神病,多起病于青壮年,常缓慢起病,具有思维、情感、行为等多方面障碍及精神活动不协调。通常意识清晰,智能尚好,有的病人在疾病过程中可出现认知功能损害,自然病程多迁延,呈反复加重或恶化,但部分病人可保持痊愈或基本痊愈状态。精神分裂症的临床症状复杂多样,可涉及感知觉、思维、情感、意志行为及认知功能等方面,个体之间症状差异很大,即使同一病人在不同阶段或病期也可能表现出不同症状。

主要表现:① 偏执型。这是精神分裂症中最常见的一种类型,以幻觉、妄想为主要临床表现。② 青春型。在青少年时期发病,以显著的思维、情感及行为障碍为主要表现,典型的表现是思维散漫、思维破裂,情感、行为反应幼稚,可能伴有片段的幻觉、妄想;部分病人可以表现为本能活动亢进,如食欲、性欲增强等。该型病人首发年龄低,起病急,社会功能受损明显,一般预后不佳。③ 紧张型。以紧张综合征为主要表现,病人可以表现为紧张性木僵、蜡样屈曲、刻板言行,以及不协调性精神运动性兴奋、冲动行为。一般该型病人起病较急,部分病人缓解迅速。④ 单纯型。该型主要在青春期发病,主要表现为阴性症状,如孤僻退缩、情感平淡或淡漠等。该型治疗效果欠佳,病人社会功能衰退明显,预后差。⑤ 未分化型。该型具有上述某种类型的部分特点,或是具有上述各型的一些特点,但是难以归入上述任何一型。⑥ 残留型。该型是精神分裂症急性期之后的阶段,主要表现为性格的改变或社会功能的衰退。

从实际情况看,船员常见的精神分裂症主要是偏执型、青春型和单纯型精神分裂症。

2. 焦虑症

焦虑通常是指有机体在当前遇到一些危险时所产生的一种特殊的、不愉快的紧张状态。最严重的焦虑反应是惊恐发作,包括强烈的忧虑、恐惧或恐怖的突然发作,有时还会体验到死亡的逼近。弗洛伊德认为,在压抑中,本能的冲动是被歪曲的被移置的,而属于本能冲动的力比多(libido)则被转换成焦虑。

主要表现:① 与处境不相称的痛苦情绪体验。典型形式为没有确定的客观对象和具体而固定的观念内容的提心吊胆和恐惧,即无名焦虑。② 精神运动性不安。坐立不安,来回走动,甚至奔跑喊叫,也可表现为不自主的震颤或发抖。③ 伴有身体不适感的植物神经功能障碍,如出汗、口干、嗓子发堵胸闷气短、呼吸困难、心悸、脸上发红发白、恶心呕吐、尿急尿频、头晕,全身尤其是两腿无力感等。④ 只有焦虑的情绪体验而没有运动和植物神经功能的任何表现,不能合理地视为病理症状;反之,没有不安和恐惧的内心体验,单纯身体表现也不能视为焦虑。⑤ 焦虑和抑郁往往相伴随,但二者之间的依附关系目前还不是完全清楚。焦虑和抑郁有共同的生物学基础,症状也很近似,而且二者都是对致病因素的同一反应,只是人格特征的不同导致症状的不同。随着焦虑或抑郁症状的加重,其中的一种可以出现另一种的继发症状。换言之,慢性焦虑症病人可有继发性抑郁症,慢性抑郁症病人可有继发性焦虑症。

3. 强迫症

强迫症指病人有重复性出现的强迫性意念或行为,虽然病人本身明知该意念或行为的出现是不需要、不符合现实或不该有的,但仍重复地发生,无法控制或除去,因此,日常生活被这种强迫性的意念或行为所困扰。病人所患的强迫性意念或冲动通常是属于可怕或恶性的。

主要表现:① 病人体验到思想或内在驱使是他自己的,是他主观活动的产物,但他有受强迫的体验。② 主观上感到必须加以有意识的抵抗,这种反强迫与自我强迫是同时出现的。③ 有症状。第一,强迫观念,包括强迫性怀疑、强迫性穷思竭虑和对立观念等。强迫性怀疑是对自己的怀疑,对观点与态度犹豫不决和摇摆不定,对刚说过的一句话或做过的事,总怀疑自己是不是确实说过或做过,怀疑自己说错了或做错了,严重者会失去真实感。穷思竭虑可以在一段相当长的时间里总是固定在某一件事情或某一个问题上,也可以"遇到什么思考什么"。病人往往诉苦"脑子老是不闲着",尽力控制自己不去想,导致紧张和焦虑。对立观念是指病人每出现一个观念,马上出现跟它完全对立的另一个观念。第二,强迫表象,是一种生动、鲜明的形象。病人大脑中浮现出令其难堪或厌恶的表象,也是一种强迫性回忆。例如,一个病人经常回忆起过去见过的一个残疾乞丐的肮脏形象,使他感到十分厌恶。第三,强迫恐惧,病人害怕自己丧失自控能力,害怕会发疯,会做出违反习俗甚至伤天害理的事。第四,强迫意向,病人感到一种强有力的内在驱使,马上就要行动起来的冲动,但实际上并不直接转变为行动。想要做的可以是无关紧要的小动作,也可以是拿起刀来砍自己或砍别人的严重行为。病人感到意志失控。第五,强迫动作,临床上常见的强迫动作有:一是强迫洗涤。最为常见,发生概率约占 50%。病人特别嫌脏,反复洗手,也包括反复洗衣、洗餐具。严重者每天洗手不计其数,因而出现皮肤并发症。有一位家庭主妇整天洗餐具,每天晚上用笼屉蒸她的所有餐具。她家的竹筷子用不了多久就都坏了,而她对衣服、被褥家具、地板的卫生完全不管,家里实际上脏极了。二是强迫检查。柜子抽屉、门窗、自来水龙头、煤气开关等,是病人最常反复检查的地方。有一位司机反复检查他的汽车底下是不是有小孩,以致无法工作。有些病人反复检查自己写的信件、便条、笔记等,唯恐有错。

从病理分析的角度看,强迫症病人常常对自己有过分严格的道德要求,不接受自己内心的欲望与冲突,强迫症病人对无意识中的欲望、冲动或意念失去了控制的能力,并因此而焦虑,采用转移、隔离、抵消或反向作用等自我防御作用来适应。一般而言,强迫症病人内心都存在极强的攻击性,而且在情感上爱、恨同时存在但并不平衡,强烈的极端情感困扰着病人。此外,强迫症病人在性格方面常以单纯的黑白、好坏、是非的二元分法来看待事物,缺少变化与通融,过分关心对错与否,内心经常处于挣扎状态,难以控制内心的冲动。强迫症和强迫人格之间有一定的关系。强迫症病人中有 64%~84% 的人有强迫人格。

4. 恐惧症(恐怖症)

恐惧症(恐怖症)是以恐怖症状为主要临床表现的一种神经症。病人对某些特定的对象或处境产生强烈和不必要的恐惧情绪,而且伴有明显的焦虑及自主神经症状,并主动采取回避的方式来解除这种不安。病人明知恐惧情绪不合理、不必要,但却无法控制,以致影响其正常活动。

主要表现：① 害怕与处境不相称，这是一条统计标准，即不相称是相对于大多数人在相同或类似处境下害怕的程度而言。换言之，恐惧症病人的害怕是异常的。② 病人感到很痛苦，往往伴有显著的植物神经功能障碍。病人在就医时主诉症状往往是头痛、失眠等。③ 对所恐惧处境的回避，直接造成社会功能受损害。

船员常见的为社交恐惧症。国内临床恐惧症中，以社交恐惧症为最常见。多起病于青春期，只有少数起病于20岁以后。有多种多样的症状表现形式。病人大多和别人在一起时出现症状，单独一个人时没有恐惧症状。常见形式之一是在一对一的社交场合下产生强烈的不安，而与一群陌生人（如在街上或公共场所）混在一起时并无恐惧或只有轻微的紧张。发作厉害时伴有头晕、恶心、震颤等。严重者拒绝与任何人（除家属外）发生接触，不能参加任何社交活动，完全把自己跟朋友孤立起来，无法上学和工作。另一种常见形式是害怕看别人的眼睛，或与别人的视线相遇。害怕别人看出他表情不自然，或者感到别人的目光很凶恶，或者从别人的眼光中能看出对他的鄙视、厌恶甚至憎恨。有些病人患有余光恐惧症，注视某物或某人时，觉得自己控制不住地同时也在看另一物或另一人。总之，社交恐惧症可以有各式各样的变异，无法尽述。归结到一点，社交恐惧症的核心是怕人，各种变异都可以视为人的象征化。

5. 心境障碍

心境障碍也称情感性精神障碍，是指由各种原因引起的以显著而持久的情感或心境改变为主要特征的一组疾病。临床上主要表现为情感高涨或低落，伴有相应的认知和行为改变，有幻觉、妄想等精神病性症状。多数病人有反复发作倾向，每次发作多可缓解，部分可有残留症状或转为慢性。

船员常见的心境障碍主要是以抑郁发作的某些类型、持续性心境障碍中的恶劣心境，而躁狂发作和双相障碍比较少见。主要表现为：① 抑郁发作，通常以典型的心境低落、思维迟缓、意志活动减退的"三低症状"，以及认知功能损害和躯体症状为主要临床表现，多数病人有焦虑，个别可存在精神病性症状。② 躁狂发作，典型症状是心境高涨、思维奔逸和活动增多。常伴有瞳孔扩大、心率加快、体重减轻等躯体症状以及注意力随境转移，记忆力紊乱等认知功能异常，严重者出现意识障碍，有错觉、幻觉和思维不连贯，成为"谵妄型躁狂"。躁狂发作临床表现较轻者称为轻躁狂，对病人社会功能有轻度的影响，部分病人有时达不到影响社会功能的程度，一般人常不易觉察。③ 混合发作，指躁狂症状和抑郁症状在一次发作中同时出现，临床上较为少见。通常是在躁狂与抑郁快速转相时发生。例如，一个躁狂发作的病人突然转为抑郁，几小时后又再复躁狂，使人得到"混合"的印象。但这种混合状态一般持续时间较短，多数较快转入躁狂相或抑郁相。混合发作时躁狂症状和抑郁症状均不典型，容易误诊为分裂心境障碍或精神分裂症。④ 环性心境障碍，环性心境障碍是指心境高涨与低落反复交替出现，但程度均较轻，不符合躁狂发作或抑郁发作时的诊断标准。轻度躁狂发作时表现为十分愉悦，活跃和积极，且在社会生活中会作出一些承诺;但转变为抑郁时,不再乐观自信,而成为痛苦的"失败者"。随后,可能回到情绪相对正常的时期,或者又转变为轻度的情绪高涨。一般心境相对正常的间歇期可长达数月。其主要特征是持续性心境不稳定。这种心境的波动与生活应激无明显关系,与病人的人格特征有密切关系,过去有人称为"环性人格"。⑤ 恶劣心境障碍,指一种以持久的心境低落为主的轻度抑郁,而从不出现躁狂。病人在大多数时间里,感到心情沉重、沮丧,看事物犹如戴一副墨镜一样,周围一片暗淡;对工作兴趣下降,无热情,缺乏信心,对未来悲观失望,常有精神不振、疲乏、能力不足、效率降低等体验,严重时也会有轻生的念头;常伴有焦虑、躯体不适感和睡眠障碍,无明显的精神运动性抑制或精神病性症状,工作、学习、生活和社会功能不受严重影响。常有自知力,主动要求治疗。病人抑郁常持续 2 年以上,期间无长时间的完全缓解,如有缓解,一般不超过 2 个月。此类抑郁发作与生活事件和性格都有较大关系,也有人称为"神经症性抑郁"。

6. 创伤后应激障碍(PTSD)

创伤后应激障碍(PTSD)是指个体经历、目睹或遭遇一个或多个涉及自身或他人的实际死亡,或受到死亡的威胁,或严重的受伤,或躯体完整性受到威胁后,所导致的个体延迟出现和持续存在的精神障碍。PTSD 的发病率报道不一,女性比男性更易发展为 PTSD。

主要表现:① 创伤性再体验症状,主要表现为病人的思维、记忆或梦中反复、不自主地涌现与创伤有关的情境或内容,也可出现严重的触景生情反应,甚至感觉创伤性事件好像再次发生一样。② 回避和麻木类症状,主要表现为病人长期或持续性地极力回避与创伤经历有关的事件或情境,拒绝参加有关的活动,回避创伤的地点或与创伤有关的人或事,有些病人甚至出现选择性遗忘,不能回忆起与创伤有关的事件细节。③ 警觉性增高症状,主要表现为过度警觉、惊跳反应增强,可伴有注意力不集中、激惹性增高及焦虑情绪。④ 其他症状,有些病人还可表现出滥用成瘾物质、攻击性行为、自伤或自杀行为等,这些行为往往是病人心理行为应对方式的表现。同时抑郁症状也是很多 PTSD 病人常见的伴随症状。

第二节　船员心理健康影响因素分析

一、单调封闭的生活环境

作为一个特殊的职业群体,船员远离家乡和亲人,生活在江、河、湖、海上,与狂风、恶浪为伴,撒下渔具,捕捞鱼虾,其中的艰辛、苦辣是其他职业无法比拟的。长时间的风吹浪打、日晒雨淋,磨炼了船员粗犷豪放、百折不挠、坚韧不拔的性格。然而,由于一艘船上少则几个人,多则几十个人,大家生活在十分有限的空间内,短的几天,长的数月,尤其是远洋渔业船员在船上的时间更长,长期在一望无际的大海上,与天、与海、与鱼虾打交道,远离人群,与家庭和社会情感隔离,在船上,反复对着再熟悉不过的几张老面孔,得不到与外界必要的沟通和信息的交流,长此以往,生活在这种单调封闭的海上生活环境中,活动范围狭窄,业余文化娱乐活动枯燥乏味,单一的男性群体,与异性的正常交往暂时中断,性生活失调,产生焦虑心理,影响到船员的情绪稳定,是非常容易诱发各种心理障碍。其实人是"喜新好异"的,总希望生活能时时有新鲜的东西,来刺激人的神经,激发人的工作热情。而在船上这是基本做不到的,许多船员只好借助吸烟、饮酒来排遣寂寞。

二、艰苦的生活环境

船舶在海上经常遇到恶劣天气,使船员经常处于颠簸、震荡之中,感到头昏、劳累,晕船者更会出现眩晕、恶心、呕吐;渔船航行、捕捞作业时运转的主机、辅机和甲板机械产生的噪声持续作用于船员,容易引起听力下降,低频噪声还能减弱船员的适应和协调能力;工作呆板、机械、紧张度高;捕捞作业,复杂多变,工作时间长短不一,劳动强度高,体力消耗大,导致船员精神倦怠,身体疲劳;虽有鱼鲜,但饮食单调,缺少新鲜蔬菜,也会影响船员的情绪和健康。艰苦的生活环境使船员心理常常起伏且难以稳定,船员容易出现紧张、麻痹、急躁、犹豫等情绪变化。

三、复杂的人际关系

船上的生活是社会的缩影,劳动的社会特征、标志之一是劳动者个人间的活动总是相互依存的。船员来自各个地方、有着不同生活习俗、不同的语言的表达方式、不同的背景、不同的文化程度、不同的个性和为人处世。船员的人际关系在劳动过程中的体现具有复杂性。单一的男性群体、恶劣的周遭环境、繁重的工作,使得船员情绪不稳、心情烦躁、易激怒,从而使人际关系更加复杂化。由于船上本来就人少地方小,"低头不见抬头见",一旦人际关系紧张,对心理的影响就更大。船上的部门与部门之间、领导与船员之间、高级船员和普通船员之间、领导与领导之间等各种关系,如处理不好就会增加船上的不安全因素,使船员生活在紧张状态中,容易在工作中走神分心,影响船舶安全航行。例如,某船上的轮机长和管轮之间,由于个性均比较倔强,平时关系有些紧张,一次管轮在修理自己分管的某一设备故障时,轮机长不同意管轮的修理方案,两人各执己见,争论两个多小时,仍相持不下。当时在场的助理管轮见状,就建议暂停争论,先按管轮的办法进行修理,后评论对错。结果,花了不到一小时就把故障排除了。这种状况既影响工作又影响设备的正常运行。

四、远离亲人、朋友,缺少亲情温暖

一个人总是生活在一定的亲人和朋友的圈子里,人们总喜欢与亲人朋友分享喜怒哀乐,一旦心里有事,总愿找亲人或朋友来分担,从而减缓自己的心理负担。而船员当他在船上工作期间,除了与亲人、朋友进行断断续续的沟通交流和得到一些零星的信息外,几乎处于断绝联系的状态下;而且船上人员的流动性较大,船员没有相对稳定的社交群体,也很难找到知心朋友。在这种情况下,船员的喜怒哀乐或一旦心里有事,就无法像在陆上那样可以去找亲人或朋友倾诉,以此来释放心理上的负担,舒缓心理上的压力。所以船员在船上工作期间,其心理上的压力很难得到及时的疏导。

五、船员社会地位的下降

随着国家改革开放,经济飞速发展、老百姓的生活水平得到了急速的提高,以往船员的收入、待遇等优越性已不复存在,社会地位也有所下降。渔业行业实际存在的艰苦与某种程度的风险,不可避免的颠簸的工作环境,狭小的活动范围,严格的工作纪律及制度,繁重的手工操作和体力劳动,常使人望而生畏,听而生厌;婚姻、家庭问题,子女教育甚至个人待遇问题又常使人忧心忡忡,难以解决;尤其是社会上常有的对航海和海洋渔业的陌生,极易导致对船员职业的不理解。所有这些都是可能造成船员自卑感的重要原因,它不但使船员对自己的工作缺少必要的热情和积极性,严重时还可能使船员产生消极悲观的心理,影响船员队伍的稳定和生产作业的安全。

六、应激因素的影响

船员对客观环境的适应是生物性、心理性和社会性的适应过程。任何一个环节的适应不良,都会造成心理上的失衡,导致心理问题的产生。根据国内外航海医学心理学工作的实践,船员的心理主要表现为应激心理问题和神经症两大类。

航行和作业中,突发事件和应激情景是影响船员心理和行为的特殊环境,它是自然环境和社会环境互动过程的融合。比如在海上遇险时,由于不利因素和现场气氛表现出的紧张、激烈、残酷和危险特征。可使船员(尤其是新船员)感到心情紧张甚至恐惧。航海紧张状态也称为航海应激,是机体对外来刺激的基本防御反应,故又称为一般性航海适应症。适度的紧张可使人的心理活动处于激奋状态,外来的威胁反而会增强群体的凝聚力和战斗力,激昂的士气可消退平日的一些苦闷、隔阂和抱怨等不良情绪。但是当这种紧张状态强烈而长久,超出船员所能负担的能力时,则可能造成心理疲劳乃至失调,严重时造成精神异常。

神经症是由于各种精神因素引起高级神经活动过度紧张,致使大脑机能活动短暂失调而造成的一组疾病的总称,常见的有:焦虑症、抑郁症、恐惧症等。神经症一般没有明显可以查明的器质性病变,但又确实有心理异常的表现,甚至可能表现得非常严重。有数据表明,船员的神经紧张性增加,是构成船舶事故率增加的重要因素。从历史上的海难事故资料分析来看,其中有75%左右是由于主要人员神经紧张而导致的判断或操作错误以及疏忽大意所造成的。船员的神经症具有突然性、发作快和预后良好的特征。由于个性在船员发生神经症的因素中起着很重要的作用,因此在选拔和配备船员时应注意筛除那些情绪易变、心胸狭窄、忧虑多疑、消极利己、孤僻冷漠的人员。

七、船员综合素质因素影响

渔船船员素质主要体现在其专业技能上,是船员的专业技术和经验的总称,是指船员在掌握一定知识的基础上,结合自身的经验所得到的进行船舶各种业务操作的综合能力。不仅与船员的知识有关,还与船员的经验、工作职位及语言能力有关。

　　渔船船员的安全值班水平则与船员的思想素质(指船员的职业道德、安全态度等)、业务能力、心理及生理状况、疲劳程度有关。船员的心理因素以各种各样的形式影响着人的潜力、作用的发挥,理论知识的掌握和运用,以及实操技能的正确发挥。由于渔船的工作环境和生活环境较差,同时为了经济利益,又超负荷加班加点工作容易造成渔船船员的心理疲劳和生理疲劳。疲劳在生理上表现为感觉迟钝,动作不准确且灵敏性降低。在心理上表现为注意力不集中、思维迟缓、反应慢、心情烦躁等,往往容易降低人的工作水平,使身体和头脑的反应迟钝,并削弱做出合理判断能力,导致不安全行为增加,船舶操纵质量下降,碰撞反应速度变慢,导致事故或潜在事故的增加。由此可见,渔船事故中人为因素是指造成使系统发生故障或机能不良的事件以及违背设计和操作规程的错误行为,又称人为失误。人为失误又可以分为有意失误和无意失误。有意失误主要由于船员的思想意识、安全态度及责任心不强所致。无意失误的主要原因是由于人的生理、心理等原因未能及时正确感受刺激或由于人的能力不足所致。

第三节　提高船员心理健康水平的措施

一、自我调适,保持身心健康

　　1. 要学会自我调适。从一定意义上说,学会自我调适,是保持心理健康的最基本要求。首先,要掌握一定的心理健康知识,对自己在工作过程中产生的一些不良情绪反应能够自我消化、自我排遣、自我调节;其次,要注意优化自己的性格,良好的性格有利于身心健康。而培养良好的性格必须做到加强意志磨炼,注意培养自己的忍耐性和坚韧性,经常进行心理位置互换,理解、体谅、尊重他人,不断增强理智感,学会情绪的自我控制和调节。

　　2. 面对环境变化要有足够的心理准备。作为船员,必须清楚地认识到自己的工作性质,长期离岸及工作环境等特殊的影响,要求船员能通过调节心理增加承受能力来适应和克服这种影响。在上船之前做好足够的心理准备,并安排好上船期间家人的生活,做到身体上和心理上的"轻装上船"。

　　3. 要加强行为控制。自觉有效地控制自己的行为是保持身心健康的一条重要途径。控制自己的行为要有决心和信心。人的行为是由意识支配的,因此行为是可以控制的。无论做什么事情都要三思而后行。

　　4. 正确认识焦虑情绪的产生原因,预防焦虑症。"人无远虑,必有近忧",如果焦虑的心态不能得到及时的疏导和排遣就有可能产生焦虑症。正所谓"世上本无事,庸人自扰之"。克服焦虑病需要从以下几方面去努力。

　　(1)首先要了解焦虑症的心理特点,明白自己的焦虑情绪来自烦恼;

　　(2)其次要有坚强的毅力克服焦虑的产生,并不断地给自己做心理暗示:"事情不会

发生,好运常伴着我。"即使所担心的事故发生了,也要想到过度的焦虑于事无补;

(3)集中精力做好自己的本职工作;

(4)积极参加船上的集体活动,多与同事交流,使焦虑的情绪得到排遣。

二、把握交往技巧,搞好人际关系

人际关系是人与人之间通过交往与相互作用而形成的直接心理关系。搞好人际关系是每一个人的共同愿望。这固然和个人的性格、气质、能力有很大关系,但同时也需要懂得搞好人际关系的原则。船员良好的人际关系有利于完成复杂的工作和形成一个完美的人格。

(1)首先要与人为善,这是中华民族的传统美德。从医学心理角度看问题,帮助了别人也就是帮助了自己,"吃一份亏,得一份福"。这种心理机制的辩证法给人的心灵体验似乎更有益于身心健康。

(2)其次是待人诚恳。以诚待人而产生的愉悦心情和踏实感同样有益于身心健康。

(3)积极适应船上环境,主动与同事交流,增进相互之间的了解,尽快建立良好的人际关系。语言的交流、沟通也是感情的交流和心灵的沟通,人类的社会性和共存性形成了人类的互引力和亲和力。人与人之间只有交流才能消除交往的障碍,才能产生友谊,结为朋友。而多与人相处沟通,可使自己内心的苦、乐情绪得到宣泄、分享,这样就不会感到寂寞和无助了。

三、加强学习,提高技能锻炼心理素质

良好的职业素养是船员积极自信、行动果断的基础。航海和捕捞都是一门专业性很强的行业,只有不断地学习和提高自己的专业知识,打牢专业技能基础,才能养成遇事不慌、处事不惊、临危不乱、稳健自信的心理素质。知识基础良好、航海捕捞技能熟练的船员在很多的情况下都能情绪稳定、应对得当,正所谓"手里有活,艺高人胆大"。

四、保持乐观、开朗的心态,培养兴趣爱好

一切从实际出发,面对现实,学会豁达面对挫折;在搏击困难中体验成就感。人生不如意有八九,生活即使发生了令人烦恼、焦虑的事情,也应振作精神积极面对,无端忧愁于事无补,正所谓"岂能事事如意,但求无愧我心"。

注意培养自己广泛的兴趣爱好,让业余生活变得充实而有意义。去做自己感兴趣的事情,把"无聊的时间"用好,这样有助于消除工作后的疲劳,排遣心中的孤独和思念情绪。

五、树立正确的爱情婚姻观

在处理恋爱、婚姻和家庭问题时,首先要立足现实,不要把爱情理想化,不要只想到恋爱、婚姻、家庭的美好一面,对波折、困难缺乏心理准备;夫妻之间应互相尊重,互相谅解,互相信任,多看对方的优点和长处,多承认对方的努力和奉献,多给对方一些自由和独立,

这样就可以恩爱长存,幸福与健康同在。

六、要树立正确的人生观

人生观是影响心理健康的主要因素之一。人生观表现在个性的意识倾向中并成为个性的核心,在人的整个心理活动中处于领导地位,对人的心理机能起着调节、支配的作用。一个人一旦树立了正确的人生观,就能正确地认识社会、人生和世界上的事物,冷静而稳定地处理方方面面的问题,经常保持一种乐观向上的精神状态,不断提高对心理冲突和挫折的承受能力,防止心理障碍的发生。

七、加强引导,做好船员思想工作

对船方而言,为了保证船舶安全和人员健康,保持船员的健康心理是十分重要的。要按照"以人为本、严管善待"的科学管理总体要求,把调节船员心理、帮助船员克服心理障碍、保持健康心理作为船舶思想政治工作和船舶管理的重要任务。

(1)对船员进行心理健康训练。要把帮助船员逐步形成健康的心智模式作为船员培训的基本内容之一,纳入建设一流船员队伍的规划,加强对船员的心理训练,使船员具备稳定、健康的心理素质。

(2)拓宽信息渠道,丰富船员的业余生活。尽可能使船员在工作时间和业余时间转换不同角色,改善船舶的小环境,创造良好的氛围。

(3)提供强有力的岸基支持。帮助船员解除后顾之忧,缓解船员的思家情绪。

(4)加强对各级船员的培训,在强调以适应岗位能力培训主线的前提下,船员的心理素质和技术素质的培养教育也要得到加强,完善知识结构,提高船员的思想素养、敬业精神,增强心理素质,减少人为失误,确保渔业生产持续、安全地进行。

总之,现代的海洋渔业事业需要一支高素质的相对稳定的船员队伍,高素质中也包括良好的心理素质。现代船员必须具有现代人的心理素质。学会自我调适,保持身心健康,是每一个船员不容回避的人生课题。只有这样才能开好船、掌好舵,捕好鱼,为我国渔业事业做出更大的贡献。

附录一　有关网具起、放网作业安全操作规程

附录 1－1　单船拖网作业安全操作规程

一、放网前

（1）单拖网设备、渔具、属具及甲板上其他器械设备做好航次到港大检查及日常岗位小检查工作。该检查包括：

① 对网板架底脚、葫芦、U 形攀，保险钢丝、网板挂钩及网板各连接部位的检查；

② 对网机倒撑、刹车带、离合器、排匀器及网机启动情况的检查；

③ 对吊干底脚、葫芦及卸克、保险钢丝、吊钩钢丝及卸克等的检查；

④ 对曳纲、手纲、游纲、空纲等其钢丝的挫伤情况及其卸克松动情况的检查，同时注意二根曳纲长度的丈量正确性；

（2）起、放网时，全体船员必须集中精力，相互配合，留心听清口令。在工作时间中严禁谈笑或胡乱喊叫，以免出事。

（3）在收、放拖纲时，不得用手去拉扶拖纲，或从其上部跨过。如在卷收、松放中发生故障时，必须待完全停止或停绞后，在非受力状况下，方可进行处理，严禁在松放或收绞中作任何处理。

（4）各岗位实行固定人员制度。尤其是起网机应由渔捞长或船长指定的熟练的渔捞员操作。学习人员必须要经渔捞长同意，在熟练人员的指导和监护下才能进行操作。

（5）扔掉废弃绳子及网衣、钢丝等须在船前进时方可进行，以防打叶子。起网时网身压入船底时，不得盲目开车。如网具钩牢船底，应将网具松出，使其充分下沉后，再行试吊，如仍吊不上时，应观察清楚网在水中情况，再行设法处理。

（6）操作网机人员、后尾指挥人员如遇船尾有异常情况确需去处理时，应确认网机刹车已刹住，离合器已脱离处在安全状态下，方可到船尾去协助处理，否则不得擅自离开岗位。

（7）起放网工作中出现的一切异常情况，必须服从船尾指挥人员的指挥。

二、放网

（1）放网前应将拖网设备、渔具及属具等作全面检查，同时检查甲板上有无钩挂网衣之物。准备放网时，甲板操作人员要注意脚下环境保持清楚和站到安全位置。

（2）放网时由专人在船尾指挥,一切准备工作就绪后,打铃通知驾驶室值班驾驶人员即可放网。放网人员在未听到驾驶人员施放放网声号前,不得擅自将囊网抛下海。

（3）放网前驾驶人员应先瞭望放网区域情况,然后稳定在计划拖网航向上,随之施放放网声号,通知放网人员即刻放网。同时根据水深情况告知网机操作人员放出曳纲长度。

（4）在松放钢丝、曳纲过程中,如遇网机滚筒上面的钢丝被下面的钢丝压死,或扣住下面的卸克之类不能顺利松放时,应减速,刹紧滚筒刹车带,待船速无余力后方可处理,不得站在尚在转动的滚筒上作任何处理。

（5）网具一经松出,应仔细观察清楚网具各部分是否都正常,如需收绞应慢速处理。开始松放钢丝时,有直滚筒的要竖起直滚筒。当钢丝斜向一边时,不得跨进二根钢丝之间去操作。

（6）摘挂网板工作应有专人负责,操作人员头部不要伸出网板架外,必须等网板拉高,锁紧停妥后再摘挂网板钩。网机操作人员要听从指挥,密切配合,防止发生人身事故。

（7）网板必须在船开车前进后方可下水。网板下水后,操舵定稳。

（8）松放曳纲时,要随时掌握速度,不要使曳纲松出太快。左右曳纲放出的速度和长度应保持一致。曳纲放毕,将刹车刹紧,然后把倒撑撑好。由船尾指挥人员打铃通知驾驶室人员放网工作全部完毕。

三、拖网

（1）拖网时,驾驶室的值班岗位,可根据船长的指令由船副或助理船副负责带班值班,值班时要勤定船位,时刻注意周围船只情况,判明风流影响,及早采取避让措施。驾驶室值班人员有事离开驾驶室,须有人代值。

（2）拖网中注意本船信号,确认号灯悬挂的正确性。要经常测定水深,如水深变化较大时,应适当调整曳纲长度。

（3）值班人员应经常检查曳纲展开情况和拖速,注意船旁水花变化,发觉网具钩住海底障碍物或听到曳纲有异响或船体有异样震动时,应立即停车,然后起网查看。

（4）拖网时,船尾与曳纲所成角度不宜过大,如角度过大,应立即调整拖网方向,以防发生网形失常、网板打绞等现象。

四、起网

（1）船尾指挥人员待甲板操作人员及网机起动准备工作就绪后,按铃通知驾驶值班人员即可起网。

（2）操纵起网机人员,在听到驾驶室鸣放起网声号后,方可起动网机。

（3）收绞钢丝时,应注意钢丝排列整齐,当钢丝曳纲收绞完毕,应将钢丝排匀器移向一侧或放下。

（4）网板行将出水时,船尾指挥人员应按铃通知驾驶室停车并示意操纵网机人员注意,收绞时听从船尾指挥。钩挂网板时,必须等网板刹定后,方可钩挂,操作人员必须站在网板架内侧进行操作。脱卸"G"形钩时,不得用手去抓尚在受力的钢丝,以免松下伤人。

（5）吊网身时,甲板人员应充分考虑网身会突发事件而下滑或风浪大时急速左右摇晃,也应考虑到吊钩因失手而在空中摇摆,继而伤人等危险情况。

（6）船尾指挥人员如遇袋筒过重,即用四弯钩子起吊,不得用单弯钩子硬拉。

（7）拉袋筒底结人员不可站在船舷与囊网之间的地方,禁止爬到袋筒下面去解结。吊网时,禁止人员站在钓钩正下方,风浪大时,网不宜吊得过高,左右摇晃更容易伤人。

（8）起网时操作网机滚筒人员,双手握绳处应保持与滚筒距半公尺以上,注意不使绳索纠缠"搭花"或套进自己脚下。

附录 1-2　对船拖网作业安全操作规程

一、放网准备

（1）放网前甲板工作人员应按规定穿妥救生衣、戴好安全帽和防护用具,严禁穿拖鞋和塑料鞋子上岗。按分工进入各自岗位,对有关拖网设施、渔具、属具进行检查、清理,发现有碍操作隐患时应及时处理。

（2）分吊钢丝及分吊钢丝引索,必须分别用细绳扎好,以免滑脱。检查囊网抽绳（海底圈）是否锁好,防止漏穿自动脱开。

（3）检查清除网台上突出的铁钉、木刺等物以免撕破网衣。艉滑道渔船放网前应将拖带葫芦向右拖。船艉拖带钢丝在起放网前应拉紧。

二、放网

（1）放网准备工作就绪,驾驶人员在停车后,发出抛囊网命令。抛囊网人员要注意手指、纽扣和脚不能被网衣、钢丝套住。囊网入水后,人员迅速撤至安全位置,然后通知开车。当船前进后网具未能自动入水,应立即通知驾驶室停车,查清原因处理好后再放网,切不可盲目加快船速或人站在网堆上推网下水。

（2）如果大纲放不出,须待船冲力减弱后,再设法处理,切不可用脚蹬手推。

（3）当网全部放出后,要检查网形是否正常,待网形正常后即可通知开车,等待带网船靠帮。

（4）带网船靠帮操作时要控制船速保持正舵。禁止带网船以大角度靠帮或横越放网船船首。

（5）顶风放网时,放网船和带网船都要谨慎小心,操作船速要适当。放网船要保持一定的余速,等待靠帮船靠帮。

（6）网机操作人员放曳纲前要将排匀器直滚筒移到旁边,放曳纲的人身体要让开曳纲滚筒,曳纲要均匀放出、不能时紧时松以免套花、跳出等意外情况出现。后机型船舶放曳纲必须通过船首落地葫芦放出。

（7）松放曳纲一侧的通道上禁止人员进入，以防曳纲跳起伤人或被曳纲拖入海中。

（8）当曳纲放出一半后操作网机人员应用信号通知驾驶台和船尾工作人员引起注意。待最后一段曳纲钢丝接头放出后，应将老鼠尾巴的卸克顺曳纲去向卸上，不能反上，以防卸克芯失落造成单脚网。

（9）放网完毕情况正常后，船尾操作人员应将过洋缆用弹钩扣住保险后，再打铃通知驾驶台动车。

三、起网

（1）起网对拢时：两船应以较小的转向角，各自向内侧慢慢靠拢，靠拢至适当距离时及时回舵，使两船基本平行，最近横距离以掌握能投过撇缆即可。

（2）两船靠拢时值班人员要注意如下情况。

① 缠在钢丝上的葫芦绳应及时清理；

② 曳纲长短相差过大；

③ 曳纲突然断掉；

④ 舵失灵；

⑤ 弹钩轧死弹不掉或突然滑出；

⑥ 船突然轧拢。

（3）收绞曳纲两边速度要保持均匀，操作人员在收绞曳纲过程中应对卸克、转环、琵琶头连接部位进行检查，发现隐患及时处理。在顶风流或船后退较快时，要及时开车，使曳纲向后与水面保持一定斜度，防止曳纲扭绞或网具压入船底。

（4）起网时船尾指挥人员对曳纲、网具在海里的情况应经常观察，确认无妨碍方可通知驾驶员动车。驾驶台在接到船尾操作人员动车信号后应迅速动车、不可主观估计或远离驾驶台，以免耽误动车或误车造成事故。

（5）起单脚网时，无特殊情况一般不可动车。处理障碍物时应谨慎，切不可蛮干，以防断索伤人或造成丢网、损坏设备等事故。当发生丢网，带网船应按当时天气条件、水深、底质的情况，就地下锚或抛头浮标，便于作为参照目标。

（6）吊网时，吊钩要有专人负责传递、不准投掷。使用单回钩子时，应手拿吊钩手柄，以防手指穿入卸克钢丝内。各岗位人员动作要一致，要相互照顾。在有风浪船身摇荡激烈时，需随浪吊网。

（7）起大网头或吃泥时要根据网的重量和鱼类沉浮情况，可采取分吊少动车，船尾卡包（落地卡包）等各项安全措施。卡包分吊时网身应用牢靠的钢丝绳索用保险弹钩钩牢禁止用人压网。

（8）当袋筒离水面吊入甲板鱼池时，任何人不准站在鱼池中间。吊网人员必须借浪，把袋筒吊入鱼池，切记袋筒悬空，防止造成人身事故。

（9）尾滑道船在大风中绞空纲发现较重，不能用尾桥下两边弹钩钩住空纲和脚头的领圈以防领圈断裂伤人，应将弹钩弹住，再把空纲回进滑道内绞脚头及网。

（10）起网工作结束后，吊钩要固定好，对网具要进行整理。如需航行，还应做好网具固定工作。主、副船在动车航行前要互相联系，看清周围船舶动态，不可盲目动车转向。

（11）带网船在起网船起网时，应适当离开一段距离，避免影响操作。

附录 1-3　大型金枪鱼围网安全操作规程

一、总则

（1）放网前甲板工作人员应按规定穿妥救生衣、戴好安全帽和防护用具，严禁穿拖鞋和塑料鞋子上岗。就绪后，按分工进入各自岗位，对主、副小艇，有关设备，渔具，属具等进行检查、清理，发现有碍操作隐患应及时处理。

（2）网船决定放网和靠帮捞鱼。主、副小艇在起放网时负责带煨拖船，协助网船处理事故。人员过船时应采取有助于人身安全的措施后，方能进行，禁止用钩子荡人，以免发生意外事故。

（3）网船放网前，必须检查主、副小艇的发动钢丝、通信设备，处于正常状态。甲板长必须检查各类钢丝，底纲机的刹车和离合器情况（确保油刹脱开，气刹车松紧适度，离合器脱开）。

（4）网船放网时，船与船之间应保持一定的安全距离，并加强瞭望，当发现他船放网时，应及早主动避让。放网作业时，应显示放网动向才采取行动，以引起附近船舶的注意。

二、放网前

（1）理网头前应将上纲、底纲、梨型悬挂环理清排正，歪把子、弹钩等设备要确保正常使用。主艇着重检查弹钩、弹钩耳攀及备用连接卸克，要将上纲、底纲分别弹牢和分清，防止扭缠。

（2）进入船舶密集区作业时，要控制车速，及时发出规定声号，当值驾驶员不能因观察鱼群影像而疏忽瞭望。航行或航测时，禁止抢越他船船首。

（3）适时检查滑车卸克、保险钢丝，起吊时下方禁止站人。起吊后各部位保险钢丝受力要均匀，保险钢丝要定时更换，并进一步检查保险钢丝底座耳攀是否牢固，防止电焊裂纹造成事故。

（4）清理和准备好前网头保险弹钩和上底纲过洋缆、撇缆。跑纲机和底纲机要随时处于放网状态。

（5）网台后尾不准有人逗留，禁止有人在网上休息或玩耍，以防拖网弹钩突然失灵，造成人员落水及人身伤害事故。

（6）在航经正在起网船附近时，应同他船网圈保持一定的安全距离，避免产生因操纵不当或机器突然故障而冲入他船网圈。

（7）鱼眼上下桅斗时，必须把牢扶手，进入桅斗后应将搭钩上牢。在观察鱼群时身子不许伸出桅斗圈或蹬踩在桅斗圈上,不得在桅斗内嬉闹或打瞌睡,桅斗内不得超过六人。

三、放网

(1)放网前网船、主副艇各岗位人员应按分工就位,作好放网准备,网船与主副艇要加强联系。在船舶密集区放网时,应充分考虑放网圈的范围,避免影响他船的安全作业和主艇进行带煨操作。

(2)放网时要根据风、流情况,选定放网位置,尽量使放网后船尾顶风。

(3)大艇弹钩操作人员操作时,应防止弹钩跳起伤人,主动喊叫无关人员避让,避免发生人身事故。

(4)主艇拉钩后,立即倒车,待网头及下纲拉紧后弹艇首弹钩,并向左进车调头用艇尾拉住网头,协助网船接拢网圈,拉钩时主艇助手必须抓住艇舷,防止因反弹力而飞出艇外落水。

(5)网具下水时,船副要注意观察网具入水是否正常,随时报告船长。

(6)吊放副艇时,助理船副要估计航速,确定能放时再施放副艇,施放时副艇船头稍高,先拉脱艇尾,再脱艇首,确保副艇尾部先入水,防止造成小艇倾覆,艇内人员要抓牢小艇。副艇入水后立即全速前进以达到与网船同速。

(7)操纵底纲机人员要按船长的意图,适当控制松紧,不要刹得过紧,钢丝放出时要均匀,避免造成钢丝扭结。底纲钢丝走动一侧不得站人。

(8)主艇靠拢网船时,投过洋缆要先投底纲,后投上纲。投缆人员在操作时,应向对方接缆人员喊清"底纲""上纲",以免发生钢丝相互缠结。助理船副在网头连接时要看清上纲是否已绞牢,要等上纲连接扣绞进绞机后再通知主艇拉钩,钢丝接好后,"歪把子"附近人员要离开一定距离,防止被葫芦或钢丝弹伤。

四、起网

(1)底纲机、跑纲机、锚机操纵人员,应待主艇上、底纲、过洋缆连接卸扣卸牢,并在船副下达弹纲和收绞口令后,方可启动操纵,防止设备、网具受损。

(2)收绞底纲或网衣时要尽量避免开车,万不得已动车必须事先通知船尾指挥人员对船尾情况进行细致观察,切忌盲目开车。

(3)后网头钢丝收绞时,网台附近船舶左侧不准站人和进行工作,避免钢丝受力,将人扫入海中。

(4)绞底纲时,歪把子及各种钢丝受力方向不得站人,不准冒险跨越走动的钢丝。钢丝遇故障需排除时,应停绞,而后用足够强度的保险索加以保险固定。

(5)起网中出现网包船时,应停止起网,待调正船位后,对操作安全无影响时方可收绞。

(6)底环即将出水或底纲吃力过大时,应即停绞或慢绞,并需减速或停止拖船,以防将底纲绞断或绞弯歪把子。发生滚纲必须舷外进行处理时,应采取有助于人身安全的措施,不得蛮干。

(7) 动力滑车收绞受力过大转动困难时,应暂定使用,避免因超负荷运转损坏设备。大风浪不能作业或进入航行时,要将主、副艇固定牢,并用保险钢丝保险,防止因船舶摇摆发生事故。

(8) 网衣要堆得均匀,浮子按顺序理清排列,底环应防止漏穿、穿错和套结。

(9) 底纲钢丝收上时排列要均匀,在理清时要对钢丝和属具进行安全检查,及时消除不安全苗子。

(10) 收拉取鱼部网衣时,不准将手指插入网眼中,也不准坐压网衣。

(11) 主艇带煨应做到:

① 接上、下纲过洋缆后要卸扣卸牢后,等到船副命令后才能弹掉,弹时应先弹底纲过洋缆,后弹上纲过洋缆。

② 拖缆要及时投到大艇,开始放缆时速度要慢,待拖缆均匀受力后,再行拖带,严防突然开快车将拖缆拉断。

③ 拖船时应听网船指挥,动作要及时,角度要适当,要尽量满足网船起网、捞鱼安全操作的需要。

④ 带煨拖船时,要对附近船舶加强瞭望,及时发出声号、灯号以示警告,防止同邻近船只发生碰撞,损坏网具。夜间应用探照灯照射拖缆方向,以引起周围作业或航行船舶的注意。

⑤ 风浪较大,网船起网困难时,应尽量将网船拖向下风,以利安全作业。

五、捞鱼

(1) 放小吊干时各部支索应受力均匀,副桅角度适宜,各支索钢丝受力均匀。

(2) 收放捞盆时,人员分工要明确,操纵网机人员应在统一指挥下密切配合,实施安全作业。

(3) 根据网内鱼货的数量及鱼群位置,及时调整取鱼部网衣。大网头应多留网衣,以防发生网爆。

(4) 拷网时要保持多目平衡,大网头时要平顺,以防爆网,发现落线要及时修补。

附录1-4 金枪鱼延绳钓作业安全操作规程

一、准备工作

(1) 放钩前两小时,准备好相应数量的饵料,打开包装箱,摆放在船尾操作台附近,并要求整齐摆放,留有足够的空间通道。

(2) 作业前十分钟各岗位人员穿妥救生衣、戴好安全帽和防护用具,各就各位,启动下线设备,检查每台设备及钓具是否处于正常工作状态。

（3）校正好投绳机装数,将主绳穿入投绳机压舱内。

（4）检查电浮标的绳索是否系牢,电池容量是否充足,天线是否安装牢固,电源开关是否打开;各项工作就绪后,由渔捞长向船长报告。

（5）投绳之前,应事先把所有干绳连接好,浮标绳和浮子准备妥当,将干绳抽出,放在船尾的滚轮台架上。

二、放钩作业

（1）船长在接到各岗位准备就绪报告后,打开主控,命令下钩作业。

（2）船尾操作台接到命令后,根据预先设置好的信号进行操作;先将电浮标投入水中,投放时操作人员必须配合好,脚下要清,防止绳索缠绕或挂在其他物体上,防止人被套住后拖入水中。

（3）主绳操作人员负责抓住主绳,根据信号分别挂上支线、浮标绳及电浮标绳,操作人员如果发现异常情况应立即通知船长。

（4）装饵料操作人员必须将鱼饵挂牢,放好支线;操作时要防止支线打扣或缠绕,防止鱼钩伤人。

（5）抛支线操作人员必须与挂饵料操作人员密切配合,将钩、饵用力抛向船尾,防止支线与主线缠绕在一起。

（6）在放到最后十二或十五把鱼钩时,应通知船长减速,放到最后六或八把鱼钩时通知船长停车,当放到最后一把鱼钩时,主绳操作人员应快速收拢足够长度的主绳并切断,打上鼻子结将电浮标绳挂钩挂上,然后将电浮标抛入水中。

（7）放钩方向应在上风向下风保持一定的航向和一定的航速进行,也可以慢车对潮流或与潮流保持直角方向放钩。

三、起钩作业

（1）接到起钩作业命令后,参加甲板人员必须穿好救生衣,戴好安全帽,方可工作;先检查主绳是否引到起线机上,检查起线机各部位是否正常,然后启动起线机。

（2）船只慢速接近电浮标,并将电浮标让在船舶左右舷,操作人员用长钩勾住电浮标并拉上船,固定好电浮标,并将电浮标绳拉到起线机进行收绞。如遇大风浪及恶劣天气,负责拉电浮标的操作人员必须系好安全带,以防人员落水。

（3）收绞主绳时,如遇主绳断,要起中间电浮标,电浮标拉上船后先系牢,然后起线机继续起线,起线机操作人员应根据主绳受力情况,控制起线速度,防止再次断线。

（4）起钩一般自下风向上风操作,干绳由前甲板的卷扬机进行收绞,干绳与船舶应保持一定的角度,起钩时船舶微速前进,注意干绳不要收得过紧。

（5）起线机操作人员要集中注意力,视船速、主绳的松紧程度来及时调节起线机转速,操作过程中还要密切注意摘支线操作人员的工作情况,遇有紧急情况应立即停车并通知船长,防止损机、伤人等事故发生。

（6）摘支线操作人员动作要迅速，无鱼的支线要快速摘下，盘好的支线放入筐内，摆放要整齐；钩上有鱼饵要及时清理干净，能够再用的鱼饵要放好；有鱼的支线，摘下后交给拔鱼的操作人员提上甲板，摘钩后清理并盘好。

附录 1-5　大型鱿钓船作业安全操作规程

一、起抛海锚和升降尾帆

起抛海锚时，船长必须在驾驶台亲自指挥，船副负责现场指挥，渔捞长负责操纵绞锚机，其他人员均应明确分工。起抛海锚人员均须穿救生衣、戴安全帽。为避免各船间相互干扰、海锚相互纠缠，以及其他可能发生的渔业纠纷，各作业船抛海锚时应保持安全距离。

1. 抛海锚前的准备工作

（1）全面检查海锚上的各种绳索是否牢固，连接是否良好，海锚的浮球是否连接在收伞纲的连接转环上。

（2）根据当时的风向、风力、流向和流速依次调整艉缆长度。

（3）降下尾帆，便于操作。

（4）遇大风浪时，如果海锚是干的，抛锚前必须对海锚进行冲水，增加海锚的重量，防止由于海锚太轻而飞出甲板发生意外事故。

2. 抛海锚时的注意事项

（1）看清周围绳索情况，谨慎动车，防止打叶子。

（2）操作人员应站在安全位置，脚下要整理清楚，防止被绳索套进拖入水。

（3）船艉抛海锚的渔轮抛海锚时，应首先使船艉顶风，然后采用倒车，当船开始后退时，依次将浮球、海锚、收伞纲和曳纲投入海中，待海锚全部下水后，利用后退余速松放曳纲和收伞纲。倒车时车速不宜过快，必要时立即停车或进车；大风浪中注意船只打横；抛海锚时防止海锚绳索被铁锚勾住，一旦出现这种情况，应认真处理，切忌硬拉硬绞，损坏海锚。

（4）起海锚时风浪较小，受潮流影响海锚在船底下时，在可以动车的情况下，先倒车拉直海锚，然后按正常操作起海锚。

3. 起海锚注意事项

（1）起海锚时，先看清海锚浮球方向后，微速进车，速度以收伞纲绳不受力为宜；海锚浮球接近船艉时微速倒车，海锚及绳索就会自然理顺，方便起海锚；不能硬拉硬绞，防止收伞纲断裂；

（2）注意观察渔轮周围情况，防止海锚绳索贴近船体，随时准备动车，以防打叶子。

（3）海锚起上后,检查海锚是否良好,如有破损,应及时修补,防止海锚破损进一步扩大。修补海锚时船舶尽可能顺风,防止船舶上浪造成危险。

（4）理清和连接海锚上各种绳索,作好下一次抛海锚的准备。

（5）大风浪时,起海锚前必须降下尾帆,便于操作。

（6）在收伞纲断裂只能用曳纲起海锚的情况下,船上要统一意见,制定特殊情况下起海锚方案,加强指挥,驾驶、机舱、甲板密切配合。因海锚张开时阻力大,使用曳纲起海锚时速度要慢,不准硬绞蛮干,防止曳纲断而造成丢海锚事故,开车要及时,以减少阻力,但要防止打叶子事故。

4. 升降尾帆

（1）升降尾帆由助理船副负责。

（2）起、抛海锚前应先降下尾帆,便于操作;海锚投放完毕,应升起尾帆,使船舶迎风,增强海锚作用。

（3）升降尾帆应缓升慢放,以防尾帆横杆砸伤。

（4）大风浪升降尾帆时。降下的尾帆应捆扎牢固,以免浪打受损。

二、集鱼灯操作

（1）集鱼灯设备由电机员专人负责。要定期检查机电设备的正常运行,确保电器的绝缘安全,定期检查接线情况,电源开关、端子箱等。

（2）集鱼灯端子箱的管理

① 长距离航行时,必须罩好防水罩,以防海水及海浪侵蚀。

② 鱿钓作业时,必须拿下防水罩,以利散热。

③ 开灯与关灯必须做到:

• 开灯与关灯应由机舱专人负责。

• 开灯与关灯的同时必须听从船长安排,船长应根据实际情况掌握开、关灯时间。

• 开灯与关灯均需延时进行,每两组之间的时间间隔应不少于两分钟。

• 关灯以后到重新开灯之间应不少于十分钟。

• 当发现灯不亮时,应通知机舱人员查明原因后予以排除,严禁其他人员擅自操作。

• 当发现灯泡玻璃破损但灯仍发亮时,应通知有关人员采取安全措施及时处理,以防灯下鱿钓操作人员皮肤灼伤和对眼睛造成损害。

三、机钓操作

钓机应由专人负责操作。钓机分工负责人员应熟悉钓机型号、技术性能,懂得实际操作和进行必要的技术培训。看钓机人员必须戴安全帽以防重锤飞出伤人,每天对钓钩进行整修,钓线进行拉直并及时更换新线。

1. 开机前的准备工作

（1）将网托架放到合适的位置，同时检查网托架各部位的固定螺丝，铁架受力、受损情况，并固定网托架。

（2）网托架保险拉绳一定要牢固，直径应不小于 12 mm。

（3）对钓机零位进行校正，使操作钮处于"停"的位置，选定各项运行参数。

2. 使用钓机必须做到

（1）钓机开动前应先试运行一个周期，确系正常，才能投入生产。

（2）作业时，应认真观察钓机运行情况，一旦发生故障，应切断电源，查明原因后再处理。如发生重大故障时，应有专人负责检修，其他人员不准擅自拆动。

（3）钓机通电期间应避开集鱼灯的开启与关闭，以免电流的强烈波动而损坏钓机。

（4）钓机的主轴和运转部位应经常加油（在停止运转情况下进行），保持钓机正常运行。

（5）网托架上严禁站人，如因处理故障而必须站在网托架上时，操作人员必须系安全带，穿救生衣和有人在旁边监护。大风浪时发生钓钩缠绕，严禁上网托架处理，必要时将缠绕的钩、线全部拉上甲板进行整理。

四、手钓操作

（1）不论风浪大小，不论何种岗位，凡手钓操作时均须系安全带，手钓人员要经常对安全带和挂带、安全带处的牢固程度加以检查，防止其断裂或脱落造成人身事故。

（2）手钓人员互相间应保持适当距离，抛钩时要防止因脚踏住钓线造成钓钩反弹伤人事故。

（3）在两钓机间从事手钓时，要防止手钓线和机钓线的纠缠，一旦发生纠缠时，应停机处理，严禁硬拉蛮干。

（4）严禁骑跨在船舷上操作，工作时集中注意力，不准嬉笑打闹，以防意外。

（5）对特大渔获物必须有两人以上协助处理，防止钓线缠绕手上造成受伤。

附录二 《中华人民共和国渔业船员管理办法》

第一章 总 则

第一条 为加强渔业船员管理,维护渔业船员合法权益,保障渔业船舶及船上人员的生命财产安全,根据《中华人民共和国船员条例》,制定本办法。

第二条 本办法适用于在中华人民共和国国籍渔业船舶上工作的渔业船员的管理。

第三条 农业部负责全国渔业船员管理工作。

县级以上地方人民政府渔业行政主管部门及其所属的渔政渔港监督管理机构,依照各自职责负责渔业船员管理工作。

第二章 渔业船员任职和发证

第四条 渔业船员实行持证上岗制度。渔业船员应当按照本办法的规定接受培训,经考试或考核合格、取得相应的渔业船员证书后,方可在渔业船舶上工作。

在远洋渔业船舶上工作的中国籍船员,还应当按照有关规定取得中华人民共和国海员证。

第五条 渔业船员分为职务船员和普通船员。

职务船员是负责船舶管理的人员,包括以下五类:

(一)驾驶人员,职级包括船长、船副、助理船副;

(二)轮机人员,职级包括轮机长、管轮、助理管轮;

(三)机驾长;

(四)电机员;

(五)无线电操作员。

职务船员证书分为海洋渔业职务船员证书和内陆渔业职务船员证书,具体等级职级划分,见附录三附件2-1。

普通船员是职务船员以外的其他船员。普通船员证书分为海洋渔业普通船员证书和内陆渔业普通船员证书。

第六条 渔业船员培训包括基本安全培训、职务船员培训和其他培训。

基本安全培训是指渔业船员都应当接受的任职培训,包括水上求生、船舶消防、急救、应急措施、防止水域污染、渔业安全生产操作规程等内容。

职务船员培训是指职务船员应当接受的任职培训,包括拟任岗位所需的专业技术知识、专业技能和法律法规等内容。

其他培训是指远洋渔业专项培训和其他与渔业船舶安全和渔业生产相关的技术、技能、知识、法律法规等培训。

第七条 申请渔业普通船员证书应当具备以下条件：

（一）年满16周岁；

（二）符合渔业船员健康标准（见附录三附件2-2）；

（三）经过基本安全培训。

符合以上条件的，由申请者向渔政渔港监督管理机构提出书面申请。渔政渔港监督管理机构应当组织考试或考核，对考试或考核合格的，自考试成绩或考核结果公布之日起10个工作日内发放渔业普通船员证书。

第八条 申请渔业职务船员证书应当具备以下条件：

（一）持有渔业普通船员证书或下一级相应职务船员证书；

（二）年龄不超过60周岁，对船舶长度不足12米或者主机总功率不足50千瓦渔业船舶的职务船员，年龄资格上限可由发证机关根据申请者身体健康状况适当放宽；

（三）符合任职岗位健康条件要求；

（四）具备相应的任职资历条件（见附录三附件2-3），且任职表现和安全记录良好；

（五）完成相应的职务船员培训，在远洋渔业船舶上工作的驾驶和轮机人员，还应当接受远洋渔业专项培训。

符合以上条件的，由申请者向渔政渔港监督管理机构提出书面申请。渔政渔港监督管理机构应当组织考试或考核，对考试或考核合格的，自考试成绩或考核结果公布之日起10个工作日内发放相应的渔业职务船员证书。

第九条 航海、海洋渔业、轮机管理、机电、船舶通信等专业的院校毕业生申请渔业职务船员证书，具备本办法第八条规定的健康及任职资历条件的，可申请考核。经考核合格，按以下规定分别发放相应的渔业职务船员证书：

（一）高等院校本科毕业生按其所学专业签发一级船副、一级管轮、电机员、无线电操作员证书；

（二）高等院校专科（含高职）毕业生按其所学专业签发二级船副、二级管轮、电机员、无线电操作员证书；

（三）中等专业学校毕业生按其所学专业签发助理船副、助理管轮、电机员、无线电操作员证书。

内陆渔业船舶接收相应专业毕业生任职的，参照前款规定执行。

第十条 曾在军用船舶、交通运输船舶等非渔业船舶上任职的船员申请渔业船员证书，应当参加考核。经考核合格，由渔政渔港监督管理机构换发相应的渔业普通船员证书或渔业职务船员证书。

第十一条 申请海洋渔业船舶一级驾驶人员、一级轮机人员、电机员、无线电操作员证书以及远洋渔业职务船员证书的，由省级以上渔政渔港监督管理机构组织考试、考核、发证；其他渔业船员证书的考试、考核、发证权限由省级渔政渔港监督管理机构制定并公布，报农业部备案。

中央在京直属企业所属远洋渔业船员的考试、考核、发证工作由农业部负责。

第十二条 渔业船员考试包括理论考试和实操评估。海洋渔业船员考试大纲由农业部统一制定并公布。内陆渔业船员考试大纲由省级渔政渔港监督管理机构根据本辖区的具体情况制定并公布。

渔业船员考核可由渔政渔港监督管理机构根据实际需要和考试大纲,选取适当科目和内容进行。

第十三条 渔业船员证书的有效期不超过5年。证书有效期满,持证人需要继续从事相应工作的,应当向有相应管理权限的渔政渔港监督管理机构申请换发证书。渔政渔港监督管理机构可以根据实际需要和职务知识技能更新情况组织考核,对考核合格的,换发相应渔业船员证书。

渔业船员证书期满5年后,持证人需要从事渔业船员工作的,应当重新申请原等级原职级证书。

第十四条 有效期内的渔业船员证书损坏或丢失的,应当凭损坏的证书原件或在原发证机关所在地报纸刊登的遗失声明,向原发证机关申请补发。补发的渔业船员证书有效期应当与原证书有效期一致。

第十五条 渔业船员证书格式由农业部统一制定。远洋渔业职务船员证书由农业部印制;其他渔业船员证书由省级渔政渔港监督管理机构印制。

第十六条 禁止伪造、变造、转让渔业船员证书。

第三章 渔业船员配员和职责

第十七条 海洋渔业船舶应当满足本办法规定的职务船员最低配员标准(见附录三附件2-3)。内陆渔业船舶船员最低配员标准由各省级人民政府渔业行政主管部门根据本地情况制定,报农业部备案。

持有高等级职级船员证书的船员可以担任低等级职级船员职务。

渔业船舶所有人或经营人可以根据作业安全和管理的需要,增加职务船员的配员。

第十八条 渔业船舶在境外遇有不可抗力或其他持证人不能履行职务的特殊情况,导致无法满足本办法规定的职务船员最低配员标准时,具备以下条件的船员,可以由船舶所有人或经营人向船籍港所在地省级渔政渔港监督管理机构申请临时担任上一职级职务:

(一)持有下一职级相应证书;

(二)申请之日前5年内,具有6个月以上不低于其船员证书所记载船舶、水域、职务的任职资历;

(三)任职表现和安全纪录良好。

渔政渔港监督管理机构根据拟担任上一级职务船员的任职情况签发特免证明。特免证明有效期不得超过6个月,不得延期,不得连续申请。渔业船舶抵达中国第一个港口后,特免证明自动失效。失效的特免证明应当及时缴回签发机构。

一艘渔业船舶上同时持有特免证明的船员不得超过 2 人。

第十九条　中国籍渔业船舶的船员应当由中国籍公民担任。确需由外国籍公民担任的,应当持有所属国政府签发的相关身份证件,在我国依法取得就业许可,并按本办法的规定取得渔业船员证书。持有《1995 年国际渔业船舶船员培训、发证和值班标准公约》缔约国签发的外国职务船员证书的,应当按照国家有关规定取得承认签证。承认签证的有效期不得超过被承认职务船员证书的有效期,当被承认职务船员证书失效时,相应的承认签证自动失效。

外籍船员不得担任驾驶人员和无线电操作员,人数不得超过船员总数 30%。

第二十条　渔业船舶所有人或经营人应当为在渔业船舶上工作的渔业船员建立基本信息档案,并报船籍港所在地渔政渔港监督管理机构或渔政渔港监督管理机构委托的服务机构备案。

渔业船员变更的,渔业船舶所有人或经营人应当在出港前 10 个工作日内报船籍港所在地渔政渔港监督管理机构或渔政渔港监督管理机构委托的服务机构备案,并及时变更渔业船员基本信息档案。

第二十一条　渔业船员在船工作期间,应当履行以下职责:

(一) 携带有效的渔业船员证书;

(二) 遵守法律法规和安全生产管理规定,遵守渔业生产作业及防治船舶污染操作规程;

(三) 执行渔业船舶上的管理制度、值班规定;

(四) 服从船长及上级职务船员在其职权范围内发布的命令;

(五) 参加渔业船舶应急训练、演习,落实各项应急预防措施;

(六) 及时报告发现的险情、事故或者影响航行、作业安全的情况;

(七) 在不严重危及自身安全的情况下,尽力救助遇险人员;

(八) 不得利用渔业船舶私载、超载人员和货物,不得携带违禁物品;

(九) 不得在生产航次中辞职或者擅自离职。

第二十二条　渔业船员在船舶航行、作业、锚泊时应当按照规定值班。值班船员应当履行以下职责:

(一) 熟悉并掌握船舶的航行与作业环境、航行与导航设施设备的配备和使用、船舶的操控性能、本船及邻近船舶使用的渔具特性,随时核查船舶的航向、船位、船速及作业状态;

(二) 按照有关的船舶避碰规则以及航行、作业环境要求保持值班瞭望,并及时采取预防船舶碰撞和污染的相应措施;

(三) 如实填写有关船舶法定文书;

(四) 在确保航行与作业安全的前提下交接班。

第二十三条　船长是渔业安全生产的直接责任人,在组织开展渔业生产、保障水上人身与财产安全、防治渔业船舶污染水域和处置突发事件方面,具有独立决定权,并履行以下职责：

（一）确保渔业船舶和船员携带符合法定要求的证书、文书及有关航行资料；

（二）确保渔业船舶和船员在开航时处于适航、适任状态，保证渔业船舶符合最低配员标准，保证渔业船舶的正常值班；

（三）服从渔政渔港监督管理机构依据职责对渔港水域交通安全和渔业生产秩序的管理，执行有关水上交通安全、渔业资源养护和防治船舶污染等规定；

（四）确保渔业船舶依法进行渔业生产，正确合法使用渔具渔法，在船人员遵守相关资源养护法律法规，按规定填写《渔捞日志》，并按规定开启和使用安全通导设备；

（五）在渔业船员证书内如实记载渔业船员的服务资历和任职表现；

（六）按规定申请办理渔业船舶进出港签证手续；

（七）发生水上安全交通事故、污染事故、涉外事件、公海登临和港口国检查时，应当立即向渔政渔港监督管理机构报告，并在规定的时间内提交书面报告；

（八）全力保障在船人员安全，发生水上安全事故危及船上人员或财产安全时，应当组织船员尽力施救；

（九）弃船时，船长应当最后离船，并尽力抢救《渔捞日志》《轮机日志》《油类记录簿》等文件和物品；

（十）在不严重危及自身船舶和人员安全的情况下，尽力履行水上救助义务。

第二十四条 船长履行职责时，可以行使下列权力：

（一）当渔业船舶不具备安全航行条件时，拒绝开航或者续航；

（二）对渔业船舶所有人或经营人下达的违法指令，或者可能危及船员、财产或船舶安全，以及造成渔业资源破坏和水域环境污染的指令，可以拒绝执行；

（三）当渔业船舶遇险并严重危及船上人员的生命安全时，决定船上人员撤离渔业船舶；

（四）在渔业船舶的沉没、毁灭不可避免的情况下，报经渔业船舶所有人或经营人同意后弃船，紧急情况除外；

（五）责令不称职的船员离岗。船长在其职权范围内发布的命令，船舶上所有人员必须执行。

第四章 渔业船员培训和服务

第二十五条 渔业船员培训机构开展培训业务，应当具备开展相应培训所需的场地、设施、设备和教学人员条件。

第二十六条 海洋渔业船员培训机构分为以下三级，应当具备的具体条件由农业部另行规定：

一级渔业船员培训机构，可以承担海洋渔业船舶各类各级职务船员培训、远洋渔业专项培训和基本安全培训；

二级渔业船员培训机构，可以承担海洋渔业船舶二级以下驾驶和轮机人员培训、机驾

长培训和基本安全培训;

三级渔业船员培训机构,可以承担海洋渔业船舶机驾长和基本安全培训。

内陆渔业船员培训机构应当具备的具体条件,由省级人民政府渔业行政主管部门根据渔业船员管理需要制定。

第二十七条 渔业船员培训机构应当在每期培训班开班前,将学员名册、培训内容和教学计划报所在地渔政渔港监督管理机构备案。

第二十八条 渔业船员培训机构应当建立渔业船员培训档案。学员参加培训课时达到规定培训课时80%的,渔业船员培训机构方可出具渔业船员培训证明。

第二十九条 国家鼓励建立渔业船员服务机构。

渔业船员服务机构可以为渔业船员代理申请考试、申领证书等有关手续,代理船舶所有人或经营人管理渔业船员事务,提供渔业船员船舶配员等服务。

渔业船员服务机构为船员提供服务,应当订立书面合同。

第五章 渔业船员职业管理和保障

第三十条 渔业船舶所有人或经营人应当依法与渔业船员订立劳动合同。渔业船舶所有人或经营人不得招用未持有相应有效渔业船员证书的人员上船工作。

第三十一条 渔业船舶所有人或经营人应当依法为渔业船员办理保险。

第三十二条 渔业船舶所有人或经营人应当保障渔业船员的生活和工作场所符合《渔业船舶法定检验规则》对船员生活环境、作业安全和防护的要求,并为船员提供必要的船上生活用品、防护用品、医疗用品,建立船员健康档案,为船员定期进行健康检查和心理辅导,防治职业疾病。

第三十三条 渔业船员在船上工作期间受伤或者患病的,渔业船舶所有人或经营人应当及时给予救治;渔业船员失踪或者死亡的,渔业船舶所有人或经营人应当及时做好善后工作。

第三十四条 渔业船舶所有人或经营人是渔业安全生产的第一责任人,应当保证安全生产所需的资金投入,建立健全安全生产责任制,按照规定配备船员和安全设备,确保渔业船舶符合安全适航条件,并保证船员足够的休息时间。

第六章 监督管理

第三十五条 渔政渔港监督管理机构应当健全渔业船员管理及监督检查制度,建立渔业船员档案,督促渔业船舶所有人或经营人完善船员安全保障制度,落实相应的保障措施。

第三十六条 渔政渔港监督管理机构应当依法对渔业船员持证情况、任职资格和资历、履职情况、安全记录,船员培训机构培训质量,船员服务机构诚实守信情况等进行监督检查,必要时可对船员进行现场考核。

渔政渔港监督管理机构依法实施监督检查时,船员、渔业船舶所有人和经营人、船员培训机构和服务机构应当予以配合,如实提供证书、材料及相关情况。

第三十七条 渔业船员违反有关法律、法规、规章的,除依法给予行政处罚外,各省级人民政府渔业行政主管部门可根据本地实际情况实行累计记分制度。

第三十八条 渔政渔港监督管理机构应当对渔业船员培训机构的条件、培训情况、培训质量等进行监督检查,检查内容包括教学计划的执行情况、承担本期培训教学任务的师资情况和教学情况、培训设施设备和教材的使用及补充情况、培训规模与师资配备要求的符合情况、学员的出勤情况、培训档案等。

第三十九条 渔政渔港监督管理机构应当公开有关渔业船员管理的事项、办事程序、举报电话号码、通信地址、电子邮件信箱等信息,自觉接受社会的监督。

第七章 渔业船员任职和发证

第四十条 违反本办法规定,以欺骗、贿赂等不正当手段取得渔业船员证书的,由渔政渔港监督管理机构撤销有关证书,并可处 2 000 元以上 1 万元以下罚款,三年内不再受理申请人渔业船员证书申请。

第四十一条 伪造、变造、转让渔业船员证书的,由渔政渔港监督管理机构收缴有关证书,并处 2 000 元以上 5 万元以下罚款;有违法所得的,没收违法所得;构成犯罪的,依法追究刑事责任。

第四十二条 渔业船员违反本办法第二十一条第一项至第五项的规定的,由渔政渔港监督管理机构予以警告;情节严重的,处 200 元以上 2 000 元以下罚款。

第四十三条 渔业船员违反本办法第二十一条第六项至第九项和第二十二条规定的,由渔政渔港监督管理机构处 1 000 元以上 2 万元以下罚款;情节严重的,并可暂扣渔业船员证书 6 个月以上 2 年以下;情节特别严重的,并可吊销渔业船员证书。

第四十四条 渔业船舶的船长违反本办法第二十三条规定的,由渔政渔港监督管理机构处 2 000 元以上 2 万元以下罚款;情节严重的,并可暂扣渔业船舶船长职务船员证书 6 个月以上 2 年以下;情节特别严重的,并可吊销渔业船舶船长职务船员证书。

第四十五条 渔业船员因违规造成责任事故的,暂扣渔业船员证书 6 个月以上 2 年以下;情节严重的,吊销渔业船员证书;构成犯罪的,依法追究刑事责任。

第四十六条 渔业船员证书被吊销的,自被吊销之日起 5 年内,不得申请渔业船员证书。

第四十七条 渔业船舶所有人或经营人有下列行为之一的,由渔政渔港监督管理机构责令改正;拒不改正的,处 5 000 元以上 5 万元以下罚款:

(一)未按规定配齐渔业职务船员,或招用未取得本办法规定证件的人员在渔业船舶上工作的;

(二)渔业船员在渔业船舶上生活和工作的场所不符合相关要求的;

(三)渔业船员在船工作期间患病或者受伤,未及时给予救助的。

第四十八条 渔业船员培训机构有下列情形之一的,由渔政渔港监督管理机构给予

警告,责令改正;拒不改正或者再次出现同类违法行为的,可处 2 万元以上 5 万元以下罚款:

（一）不具备规定条件开展渔业船员培训的;

（二）未按规定的渔业船员考试大纲内容要求进行培训的;

（三）未按规定出具培训证明的;

（四）出具虚假培训证明的。

第四十九条 渔业行政主管部门或渔政渔港监督管理机构工作人员有下列情形之一的,依法给予处分:

（一）违反规定发放渔业船员证书的;

（二）不依法履行监督检查职责的;

（三）滥用职权、玩忽职守的其他行为。

第八章 附 则

第五十条 本办法中下列用语的含义是:

渔业船员,是指服务于渔业船舶,具有固定工作岗位的人员。

船舶长度,是指公约船长,即《渔业船舶国籍证书》所登记的"船长"。

主机总功率,是指所有用于推进的发动机持续功率总和,即《渔业船舶国籍证书》所登记"主机总功率"。

第五十一条 非机动渔业船舶的船员管理办法,由各省级人民政府渔业行政主管部门根据本地实际情况制定。

第五十二条 渔业船员培训、考试、发证,应按国家有关规定缴纳相关费用。

第五十三条 本办法自 2015 年 1 月 1 日起施行。农业部 1994 年 8 月 18 日公布的《内河渔业船舶船员考试发证规则》、1998 年 3 月 2 日公布的《中华人民共和国渔业船舶普通船员专业基础训练考核发证办法》、2006 年 3 月 27 日公布的《中华人民共和国海洋渔业船员发证规定》同时废止。

附录三 《中华人民共和国渔业船员管理办法》附件

附件 2 - 1 渔业职务船员证书等级划分

一、海洋渔业职务船员证书等级

1. 驾驶人员证书

（1）一级证书：适用于船舶长度 45 米以上的渔业船舶,包括一级船长证书、一级船副证书;

（2）二级证书：适用于船舶长度 24 米以上不足 45 米的渔业船舶,包括二级船长证书、二级船副证书;

（3）三级证书：适用于船舶长度 12 米以上不足 24 米的渔业船舶,包括三级船长证书;

（4）助理船副证书：适用于所有渔业船舶。

2. 轮机人员证书

（1）一级证书：适用于主机总功率 750 千瓦以上的渔业船舶,包括一级轮机长证书、一级管轮证书;

（2）二级证书：适用于主机总功率 250 千瓦以上不足 750 千瓦的渔业船舶,包括二级轮机长证书、二级管轮证书;

（3）三级证书：适用于主机总功率 50 千瓦以上不足 250 千瓦的渔业船舶,包括三级轮机长证书;

（4）助理管轮证书：适用于所有渔业船舶。

3. 机驾长证书

适用于船舶长度不足 12 米或者主机总功率不足 50 千瓦的渔业船舶上,驾驶与轮机岗位合一的船员。

4. 电机员证书

适用于发电机总功率 800 千瓦以上的渔业船舶。

5. 无线电操作员证书

适用于远洋渔业船舶。

二、内陆渔业职务船员证书等级

1. 驾驶人员证书

一级证书：适用于船舶长度24米以上设独立机舱的渔业船舶；
二级证书：适用于船舶长度不足24米设独立机舱的渔业船舶。

2. 轮机人员证书

一级证书：适用于主机总功率250千瓦以上设独立机舱的渔业船舶；
二级证书：适用于主机总功率不足250千瓦设独立机舱的渔业船舶。

3. 机驾长证书

适用于无独立机舱的渔业船舶上,驾驶与轮机岗位合一的船员。

内陆渔业船舶职务船员职级由各省级人民政府渔业行政主管部门参照海洋渔业职务船员职级,根据本地情况自行确定,报农业部备案。

附件2–2　渔业船员健康标准

一、视力(采用国际视力表及标准检查距离)

（1）驾驶人员：两眼裸视力均0.8以上,或裸视力0.6以上且矫正视力1.0以上；
（2）轮机人员：两眼裸视力均0.6以上,或裸视力0.4以上且矫正视力0.8以上。

二、辨色力

（1）驾驶人员：辨色力完全正常；
（2）其他渔业船员：无红绿色盲。

三、听力

双耳均能听清50厘米距离的秒表声音。

四、其他

（1）患有精神疾病、影响肢体活动的神经系统疾病、严重损害健康的传染病和可能影响船上正常工作的慢性病的,不得申请渔业船员证书；

（2）肢体运动功能正常；

（3）无线电人员应当口齿清楚。

附件 2-3　渔业职务船员证书申请资历条件

一、渔业职务船员按照以下顺序依次晋升

（1）驾驶人员：助理船副→三级船长或二级船副→二级船长或一级船副→一级船长。

（2）轮机人员：助理管轮→三级轮机长或二级管轮→二级轮机长或一级管轮→一级轮机长。

二、申请海洋渔业职务船员证书考试资历条件

（1）初次申请：申请助理船副、助理管轮、机驾长、电机员、无线电操作员职务船员证书的，应实际担任渔捞员、水手、机舱加油工或电工工作满 24 个月。

（2）申请证书等级职级提高：持有下一级相应职务船员证书，并实际担任该职务满 24 个月。

三、申请海洋渔业船员证书考核资历条件

（1）专业院校学生：在渔业船舶上见习期满 12 个月。

（2）曾在军用船舶、交通运输船舶任职的船员：在最近 24 个月内在相应船舶上工作满 6 个月。

四、申请内陆渔业职务船员证书资历条件

（1）初次申请：在相应渔业船舶担任普通船员实际工作满 24 个月。

（2）申请证书等级职级提高：持有下一级相应职务船员证书，并实际担任该职务满 24 个月。

附件 2-4 海洋渔业船舶职务船员最低配员标准

船舶类型 配员	职务船员最低配员标准		
长度≥45 米远洋渔业船舶	一级船长	一级船副	助理船副 2 名
长度≥45 米非远洋渔业船舶	一级船长	一级船副	助理船副
36 米≤长度<45 米	二级船长	二级船副	助理船副
24 米≤长度<36 米	二级船长	二级船副	
12 米≤长度<24 米	三级船长	助理船副	
主机总功率≥3 000 千瓦	一级轮机长	一级管轮	助理管轮 2 名
750 千瓦≤主机总功率<3 000 千瓦	一级轮机长	一级管轮	助理管轮
450 千瓦≤主机总功率<750 千瓦	二级轮机长	二级管轮	助理管轮
250 千瓦≤主机总功率<450 千瓦	二级轮机长	二级管轮	
50 千瓦≤主机总功率<250 千瓦	三级轮机长		
船舶长度不足 12 米 或者主机总功率不足 50 千瓦	机驾长		
发电机总功率 800 千瓦以上	电机员,可由持有电机员证书的轮机人员兼任		
远洋渔业船舶	无线电操作员,可由持有全球海上遇险和安全系统(GMDSS)无线电操作员证书的驾驶人员兼任		

注:省级人民政府渔业行政主管部门可参照以上标准,根据本地情况,对船长不足 24 米渔业船舶的驾驶人员和主机总功率不足 250 千瓦渔业船舶的轮机人员配备标准进行适当调整,报农业部备案。